文科系のための遺伝子入門

よくわかる遺伝リテラシー

土屋廣幸

新曜社

推薦の言葉

千葉大学大学院医学研究院副研究院長 公衆衛生学教授
羽田　明

本書に詳しく記載されているように、人の遺伝情報は、合計約31億個の４種類の塩基という暗号で成り立っています。この情報全部をゲノムと言いますが、私たち一人ひとりの全ゲノムを解読することが、10万円程度で急げば数日から数週間のうちにできるようになりました。解析能力のみから言えば、日本人全員の全ゲノムを解読できるようになったのです。私たち人類は、世界中を見渡すと、皮膚の色、体の大きさ、顔つき、才能など個人差が大きく、遺伝学的に言うと、極めて多様性に富んでいます。

ほんの20年ほど前まで、このような多様性がどのようなメカニズムで起こっているのかほとんど解明されていませんでした。全ゲノムの解読など夢物語でしたが、国際共同研究などで、２００３年に全ゲノムが解読されると、その後の発展は目覚ましく、人の多様性や生活習慣病を含めた様々な病気に関与する遺伝子に関する知識が怒涛の様に産出されてきました。その進展はますますスピードアップしているのが現状です。医療現場でも診断治療のための新しい技術が次々に生まれ、この30～40年の進歩をみると隔世の感があります。

しかし一方、医療を例にとると、このような進歩を利用するにあたって、多くの選択肢の中から一つを選ぶことが求められるようになってきました。以前のように医師にお任せするのではなく、それぞれの選択肢のメリット、デメリットをわかりやすく説明してもらい、十分理解したうえで自分自身が決断することになってきたのです。

本書では「文科系のための」と銘打っていますが、今でこそ医学教育に取り入れられていますが、現役の医師の多くは学生時代に遺伝学教育を受けてきていません。本音を言うと、医療職も含めた多くの方に遺伝および遺伝子を理解していただきたいと思っています。たとえば皮膚の色により争うなどということが無意味であり、すべての人のゲノムには病気を引き起こす遺伝情報の誤りが大量に存在し、二人にひとりが罹患する多くのがんは年齢とともに増えてきた遺伝子の誤りが積み重なって起こってくるという事だけでも常識となれば（遺伝リテラシーと言ってもよいでしょう）、ずいぶん世の中が変わるのではと思ってしまいます。

遺伝子や遺伝の内容が一見、理解が難しいように思える大きな理由は、使われている言葉にあります。日常生活ではまず使わない言葉をみるだけで学ぶ意欲が失われてしまうということもあるかもしれません。

本書は、著者の土屋先生が、初めて出会うと思われる言葉を丁寧にわかりやすく説明しながら、第一章から第七章まで、順序立てて構成されています。読者で、基本のきから理解していった方が分かりやすいという方は第一章から順番に読んでください。中には今、新聞などをにぎわしている遺伝に関する様々なトピックスの内容をとりあえず知りたいという方も多いと思います。そのような方は第七章から読んで、言葉の意味が分からない場合、目次を使って該当箇所にとび、理解してから元に戻るという読み方もあると思います。

言葉を理解してしまえば、新聞紙上を定期的ににぎわす様々な出来事、科学的な発見なども、より身近になるのではないでしょうか？　なにしろ地球の46億年の歴史の中で、かなり早期の7億年あたりにはすでに生物が発生しています。その際に使われた暗号は今の我々とほとんど変わらないということは驚異的と思いませんか？　現生人類は20万年ほど前にアフリカで誕生したことが明らかになっていますが、今は滅亡してしまったネアンデルタール人など多くの人類が共存し、しかも子供まで作り、今の私たちのゲノムに交じっていることが明らかになっています。現生人類も何度も滅亡寸前まで行って盛り返し、世界中で70億人以上になった現在につながっていることもゲノムを解析するとわかるのです。

是非、皆さんにも本書をきっかけとして、続々と明らかになる生命科学の事実を深く知っていただいて、興奮を分かち合っていただければと思います。

はじめに

最近はテレビや新聞・雑誌やネットにも、遺伝子という言葉が毎日のように出てきます。ニュースを見る人も、それが何を意味しているのか、なんとなくは理解しています。ちょっと前に大ニュースになったのは、米国の人気女優アンジェリーナ・ジョリーさん（アンジー）が、家系に乳がんや卵巣がんが多発していて、本人もがんになりやすい遺伝子の型を持っているので、乳がんや卵巣がんが発病する前に、自分の乳房と卵巣を切除する手術を受けたという報道でした。これってどういうことなのでしょうか？

それより前、２０１２年には京都大学の山中伸弥教授がｉＰＳ（アイピーエス）細胞研究でノーベル生理学・医学賞を受賞しました。その後、ｉＰＳ細胞技術を用いた病気のメカニズムの解明とそれに基づく治療法の開発が始まっています。ｉＰＳ細胞をつくるための最初の方法は山中４因子とも呼ばれる４つの遺伝子を目的の細胞に導入することでした。ここでも遺伝子が出てきます。

遺伝子とか遺伝は生物学の用語ですが、すっかり私たちの日常生活に出てくるようになりました。理科系で生物学や医学に関わる領域を学んだ人にはそれほどでなくても、文科系の人にとっては多少のハードルがあるかもしれません。この本は文科系の人や生物学を選択しなかった人を対象に、なるべくわかりやすく、でも大切なことはおさえて、遺伝子と遺伝に関連したことがらを説明し、その面白さと広がりを楽しんでいただこうと執筆しました。皆様も、ぜひ、遺伝の世界を楽しんでください。

この本で明らかにしたいこと

この本では、次のような内容を明らかにできればと思います。遺伝子とはどんなもので、その役割は何か。遺伝子は生命の設計図と言われるのはどうしてか。アンジーの決断の意味やｉＰＳ細胞研究はどういうものなのか。そして今、どのようなことが行われつつあるのか。

遺伝子の意味がわかりにくい理由の一つは、親から子への遺伝という意味と、生命の設計図であるという表現がどうつながるのかがはっきり述べられないまま、遺伝や遺伝子が語られるからでしょう。

親子の遺伝、たとえば髪の色や目の色、皮膚の色は遺伝子によって決まります。これらの性質の場合は、遺伝子が決める割合はほぼ１００％です。一方、身長の遺伝性は80％程度、性格は50％とされています。これらの性質の遺伝性は双子を対象にした研究から明らかになってきました（一卵性双生児は、ざっくり言えば遺伝子は同じなので）。ここでは、ある性質について遺伝子が決める割合を「遺伝性」とします。遺伝性の残りのパーセントを決める要因は多くの場合、環境です。先天異常やがんについては、遺伝子と環境のほかに、偶然性が重要な要因であると指摘されています。

子どもは父親から半分、母親から半分の遺伝情報を受け継ぎますが、受け継ぎ方の組み合わせは多く、たとえば、ある遺伝子は父親から、別の遺伝子は母親から、また別の遺伝子は父親からということが起こりますから、親子、兄弟姉妹は似ているとともに、違うところも多いのです。

このような性質の基本には遺伝子があり、遺伝子の情報を元にタンパク質がつくられます。タンパク質が材料になったり、必要な化学反応を助けたりすることによって、生命がつくられ、さまざまな性質が表れます。

ところで、生命ってタンパク質だけからできているのでしょうか？　もちろん違います。一つの見方として、栄養から生命を考えることができます。ヒトにとっての五大栄養素というものがあります。タンパク質、炭水化物（糖質）、脂質、ビタミン、無機質（ミネラル）です。われわれはわれわれ自身が食べるものからできているという言い方がありますが、ヒトも、この五大栄養素と水からできています。

ＤＮＡの情報を元にタンパク質ができるとして、遺伝子の設計図であることとタンパク質以外のほかの栄養素との関係はどうなっているのでしょうか？　このあたりまでの大まかな話が明らかになれば、遺伝子とは何かが見えてきそうです。

たとえば、海外の人に日本ってどんな国ですかと尋ねられたとき、日本って37万平方キロの面積に1億2千万人が住んでいる国ですよと説明しても、それでは不十分で、よくわかりません。けれどもさらに、東アジアにある島国で、国土は4つの大きな島が中心で、西側にはユーラシア大陸があり、隣国は韓国や中国やロシアで、公用語は日本語、議院内閣制の民主主義国で、首都は東京。通貨は円、産業の中心は自動車、電気製品などの工業製品をつくって輸出している。およそ2千年の歴史を有している。GDPは世界3位で、1人あたりGDPは世界26位。有名な日本人は、スポーツでは野球のイチロー選手、テニスの錦織選手、ゴルフの松山選手、スピード・スケートの小平選手など。芸術では現代絵画の草間彌生さん、クラシック音楽指揮者の小澤征爾さんなど…

このくらいの説明があれば、日本ってどんな国かおよそのイメージがつかめそうです。これと同じように、この本では、遺伝子のおおよその全体像がつかめるようにしたいと考えています。

なお、各章の初めにはその章のキーワードを、終わりには、それぞれの章のまとめをつけました。

目次

装幀＝新曜社デザイン室

第1章　遺伝子の役割

――その1　親から子へ遺伝情報を伝える

●キーワード

遺伝子、表現型、遺伝子型、メンデルの法則

（これから、たくさんの用語が出てきますが、あまり気にしないでください。模型づくりやクッキングと似ていて、少しずつ理解していただくといいでしょう。一回読んだだけではわかりにくいかもしれません。二、三回読んでみてください。だんだん話がはっきりしてくると思います。）

遺伝子という言葉は実際、盛んに用いられます。たとえばグーグルで「遺伝子」と検索すると、890万件の記事がヒットします（2018年1月現在）。遺伝子には2つの役割があることを最初に理解していただくと、関連したことがらがわかりやすいように思います。

遺伝子の1つ目の意味と役割は、親から子への遺伝情報を伝えることです。遺伝子という言葉は、

この意味で使われることが多いでしょう。身近な例では、私たちの血液型がよい例です（2番目の意味と役割はタンパク質をつくる情報であることで、これについては後述します）。

血液型

ここでクイズです。ABO式血液型で、お父さんがA型で、お母さんがB型なら、子どもの血液型は何型になるでしょう？

答えはA型、B型、O型、AB型の4種類全部の可能性があります。この理由には、少し説明が必要です。以下はおおざっぱな説明です。

ABO式血液型は赤血球の表面にある血液型物質によって決まります。ABO式以外にもいろいろな血液型（たとえばRh式）がありますが、ここではABO式について考えます。ABO式血液型をつくる遺伝子は第9染色体の上に乗っています。ヒトには第9染色体は2本あります。片方はお父さんから、もう片方はお母さんからもらいます（染色体については第2章で述べます）。

1本の第9染色体に乗っている血液型遺伝子は、A型かB型の遺伝子です。A型の遺伝子はA型の血液型物質を、B型の遺伝子はB型の血液型物質をつくります。2本の染色体上にA型遺伝子もB型遺伝子も両方ともない場合はO型、一方の染色体にA型、もう一方の染色体にB型が乗っていればAB型になります（O型はABO式血液型物質が「ない」の意味です。ドイツ語の「ない」ohne

表1　両親の血液型遺伝子と子どもの血液型遺伝子および表現型の関係

		父の2本の染色体上の血液型遺伝子	
		A	O
母の2本の染色体上の血液型遺伝子	B	AB（AB）	BO（B）
	O	AO（A）	OO（O）

表には両親からもらう血液型遺伝子の組み合わせによって決まる子どもの血液型の遺伝子型と表現型（かっこ内に示す）を提示しています。

父の血液型（表現型）がA型であれば、父の持つ血液型遺伝子2個のうち、1個は必ずA型遺伝子で、もう1個はA型かO型です。精子は1倍体ですから（1倍体についてはp.15を参照）、子どもが父からもらう血液型遺伝子は1個だけです。つまり、父からA型かO型の遺伝子をもらうことになります。

同様に、母の血液型（表現型）がB型であれば、母の持つ血液型遺伝子2個のうち、1個は必ずB型遺伝子で、もう1個はB型かO型です。卵子も1倍体ですから、子どもは母からB型かO型の遺伝子をもらいます。

そこで、子どもは父からAまたはO遺伝子をもらい、母からBまたはO遺伝子をもらうので、子どもの血液型（表現型）は、AB型、A型、B型、O型の4種類全部が考えられます。

オーネ に由来します）。

そこで、お父さんがA型なら、お父さんの持つ2本の第9染色体上の血液型遺伝子はAとA、またはAとOの2つの組み合わせの可能性があります。AとAの組み合わせでも、AとOの組み合わせでも、表現型はA型です（この場合、表現型とはA型の血液型物質がつくられていることを意味します）。つまり、2本の染色体の少なくとも1本にAが乗っていて、他方がAまたはOならば表現型はAになります（表1）。

表現型とは普通に血液検査をして、私はＡ型です、というときの血液型です。私はＡＡ型ですとかＡＯ型ですと言うならば、遺伝子型（２本の第９染色体上の血液型遺伝子の型ですので２つとも示します）になりますが、普通はこんなふうには言いません。

お母さんはＢ型なので、お母さんの２本の第９染色体の上にはＢとＢ、またはＢとＯの２つの組み合わせが考えられます。そうすると、子どもはお父さんから１本の第９染色体を、お母さんからも１本の第９染色体をもらいますので、お父さんからＡかＯ、お母さんからＢかＯをもらうことになります。そのため、子どもの遺伝子型はＡとＢ、ＡとＯ、ＯとＢ、ＯとＯの４つの組み合わせが考えられます。表現型は順に、ＡＢ型、Ａ型、Ｂ型、Ｏ型となります。遺伝子型にＡかＢがあれば、それは表現型に反映されます。

結局、このクイズの答えはＡＢ型、Ａ型、Ｂ型、Ｏ型の４種類です。もし、遺伝子型がわかっていて、お父さんがＡＡ型、お母さんがＢＢ型なら、子どもは必ずＡＢ型になります。遺伝子型を推測するには、お父さん、お母さんとおじいちゃん、おばあちゃんや、本人のきょうだいの血液型が参考になります。以上は血液型遺伝子が親から子どもに伝えられるという話です。これは遺伝子の一番目の意味は、親から子どもに伝えられる遺伝情報であるという一例です。

余談ですが、日本人のＡＢＯ式血液型はＡ型、Ｏ型、Ｂ型、ＡＢ型の順に多く、その割合は４：３：２：１です。ＡＢＯ式は人種差・国別の違いがあって、世界全体で見ると一番多いのはＯ型です。

それから海外の医学物のテレビドラマ『ＥＲ緊急救命室』では、緊急輸血の必要時、「Ｏ型マイナス！」と輸血用血液を至急オペ室に持ってくるよう叫んでいますが、これはＯ型でＲｈマイナスの血液のことで、この型ならばＡＢＯ式血液型物質もＲｈ式血液型物質も持たない赤血球なので、大至急輸血しないといけない場合に、血液型交差試験（輸血を受ける患者さんと供血者のあいだで血液型不適合によって輸血副反応が起こらないように行う検査）を省略して、時間の節約を図るためです。

メンデルの法則とエンドウマメの形質

メンデルの法則は、「形質」の遺伝のしかたを決めている古典的な遺伝学の法則です。古典的といったのは、遺伝物質としてのＤＮＡが発見される以前の観察科学に基づいているからです。その観察はきわめて優れたものであったことは明らかです。それは優性の法則、分離の法則、独立の法則の３つから成ります。十分ご存じのことかもしれませんが、以下に述べたいと思います。なお、ここで「形質」という言葉を使いました。形質（けいしつ、trait, character）とは生物の持つ性質や特徴のことで、同様の意味で「特性」という言葉も使います。

まず、エンドウマメの丈の高さ（茎の長さ）を例にとってみます。丈の高いエンドウマメと丈の低いエンドウマメを交配すると、得られる種子（雑種第１代＝子の世代）から育つエンドウマメは丈が高くなります。丈が高いという形質は丈が低いという形質に対して優性です（優性の法則）。

形質	種子の形	種子の色	さやの色	さやの形	丈の高さ	花の位置	花の色
優性	丸い 	黄色	緑色 	ふっくら 	高い 	葉のつけね 	紫色 
劣性	しわ 	緑色 	黄色 	でこぼこ 	低い 	枝の先 	白色 

図１　エンドウマメの形質

メンデルはエンドウマメの交配によってそれぞれの形質がどのように次の世代に伝わるかを調べて、メンデルの法則（優性の法則、分離の法則、独立の法則）を発見しました。それぞれの形質には対立する２つの性質があって、片方が優性、もう一方が劣性でした。（図は Think Science - Mendel's pea plants [1] を一部改変）

（最近、「優性」とか「劣性」という言葉は誤解を招くということで、「顕性」と「潜性」に改めると、日本遺伝学会などから提言されています。新しい用語を使った方がいいのかもしれませんが、この本では今までの言葉を使うことにさせてください。遺伝学で言う「優性」、「劣性」はそれぞれの形質の違い、たとえば「黄色」と「緑色」のどちらが表れるかを言っているだけで、価値観を言っているわけではありません。）

　次に、雑種第1代同士を交配して得られた種子（雑種第2代＝孫の世代）から育つエンドウマメは丈の高いものと低いものが生じ、その比は3対1になります（分離の法則）。雑種第1代では劣性形質は優性形質に隠れて見えなくなっていたのですが、雑種第1代同士をかけ合わせることによって、雑種第2代では劣性形質を表現型とするものが出てきます。

エンドウマメには丈の高さ以外に種子の色が黄色と緑色、しわのあるものとないものなどの形質がありますが、これらの形質の場合も丈の高さと同様に、優性の法則と分離の法則が成り立ち、それぞれの形質同士には関連がありません。種子の色が黄色でも緑色でも、丈の高さやしわのあるなしとはつながりがなく、それぞれの形質の遺伝は独立しています（独立の法則）（図1、図2）。「丈の高い」エンドウマメと「丈の低い」エンドウマメ、種子の色、しわのある・なしは形質です。そしてこれらは表現型ということになります。

丈の高いエンドウマメと丈の低いエンドウマメを交配したとき、得られる種子（雑種第1代）から育つエンドウマメはすべて丈が高くなりますが（表現型）、それは丈が高い形質は丈が低い形質に対して優性だからで、実際には雑種第1代の遺伝子型は丈が高い遺伝子（丈が高い＝tallなので、Ｔとします。大文字にするのは優性だからです）と低い遺伝子（劣性の場合は小文字で表すのでｔとします）の両方を持つので、Ｔｔになります（図２）（Ｔとｔは丈の高さという特定の形質について染色体の同じ位置を占める、対立した遺伝子ということで、対立遺伝子と言っています）。

雑種第1代同士を交配すると、Ｔｔ×Ｔｔ（×は交配の意味）ですから、雑種第2代はＴＴ、Ｔｔ、ｔＴ、ｔｔ（ＴｔとｔＴは同じですが、Ｔとｔの遺伝子が雄しべ由来と雌しべ由来の2通りあるので、区別して示します）の遺伝子型になります。Ｔの方が優性ということは、Ｔが1個でもあれば表現型は「丈が高い」になるので、「丈が高い」エンドウマメと「丈が低い」エンドウマメの割合は3対1になります（図2）。

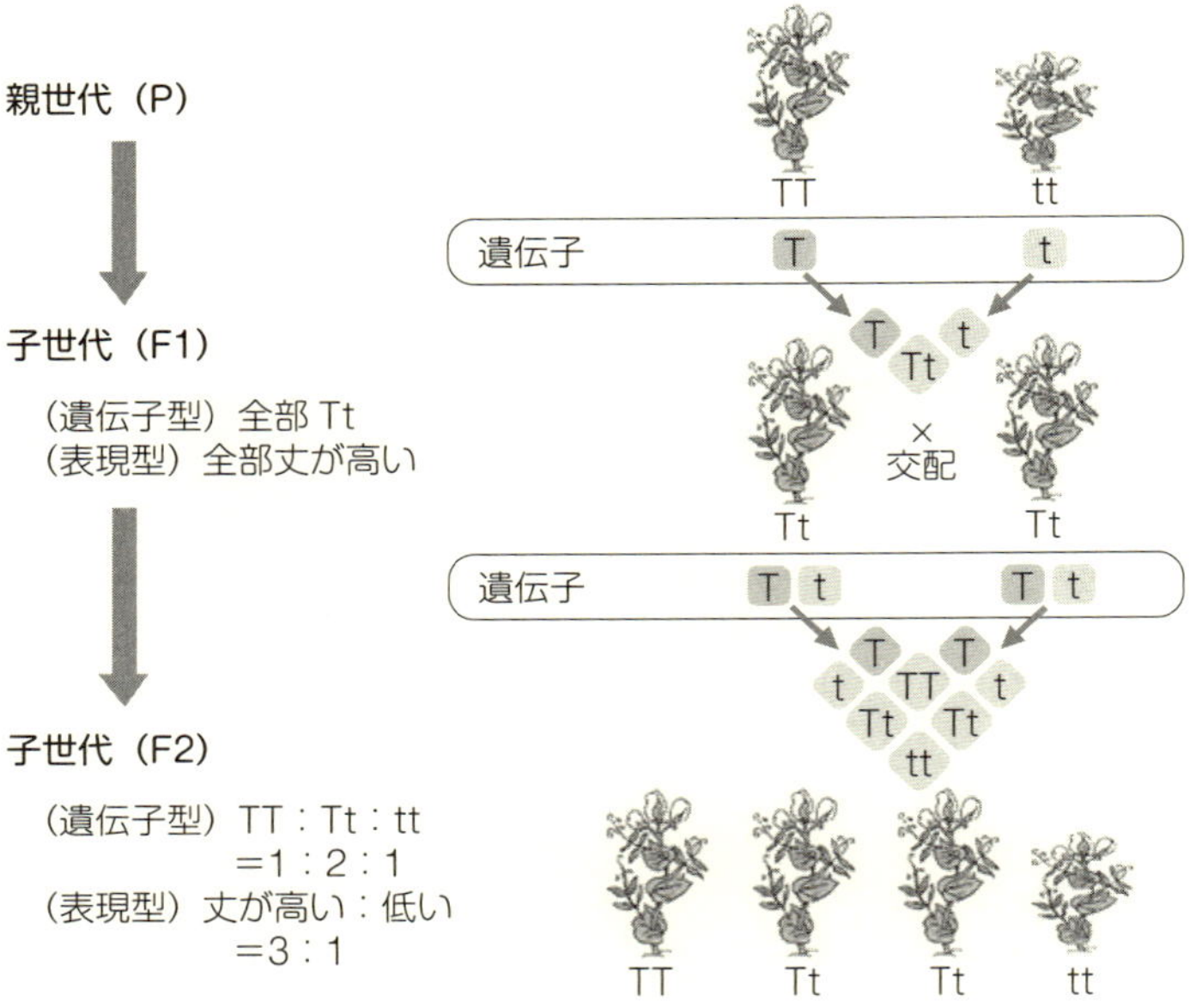

図２　エンドウマメの丈の高さの遺伝

エンドウマメの丈の高さという形質について考えてみます。丈の高さについて「高い」という純系と「低い」という純系のエンドウマメを親とします。丈が高い純系の遺伝子を TT、丈が低い純系の遺伝子を tt と表してみます。２倍体（同じ種類の染色体が２本ずつある）なので、遺伝子も２個ずつあります。両親から１個ずつ丈の高さ遺伝子をもらうわけですが、両親の双方から同じ対立遺伝子（T と T、もう一つの組み合わせは t と t）をもらうと純系になります。

この親世代（P）の交配でできた子世代（F1）は全部 T と t 遺伝子を１個ずつ持っています。遺伝子が Tt の場合、表現型は全部丈が高くなります（優性の法則）。F1 世代を交配してできる孫世代（F2）の遺伝子型は TT：Tt：tt ＝１：２：１になります。T が１本でもあれば表現型は丈が高くなるので、F2 世代の表現型は 丈が高い：低い＝３：１です（分離の法則）。（図は Shomu's Biology - Mendelian genetics [2] を一部改変）

ついでに言えば、ヒトのＡＢＯ血液型ではＡとＢのあいだには優性、劣性がありません。したがって、ＡとＢの遺伝子があれば、どちらの血液型物質もつくられるので、ＡＢ型になります。

メンデル（グレゴール・ヨハン・メンデル　１８２２年〜１８８４年）は当時のオーストリア帝国の司祭で、エンドウマメの実験（１８５３年〜１８６８年）によるメンデルの法則の発見は遺伝学の出発点とも言うべき業績でしたが、メンデルの生存中には認められず、その再発見は１９００年のことでした（エンドウマメはグリーンピースやサヤエンドウと同じものです）。

メンデルの得た結果は非常に優れたものでした。そのため逆に、メンデルの法則の再発見以後、メンデルのデータは疑わしいのではないか、ねつ造はなかったのかなどの疑いが出されていました。２００１年にフェアバンクスたちはチェコに保管されているメンデルの論文その他原典に当たって、メンデルの報告には誤解やねつ造は認められないと結論しています[3]。

メンデルの用いたエンドウマメの遺伝子について、フェアバンクスたちの話の要点は次のとおりです（図３）[3]。エンドウマメの染色体は７対で、父方からもらう花粉が母方の雌しべに受粉します。父から１番〜７番の７本の染色体、母から同じく１番〜７番の７本の染色体をもらいます。対応するもの同士が２組あるので７対（＝14本）になります。対応するもの同士が２組あるので、これを２倍体細胞と言っています（染色体の番号は次に述べるヒト染色体とは違って、大きい順番ではありません）。１番染色体の上には子葉（双葉）の色を決める遺伝子と花の色を決める遺伝子が、４番の上には花の位置を決める遺伝子と丈の高さを決める遺伝子と、さやの形を決める遺伝子が乗っている

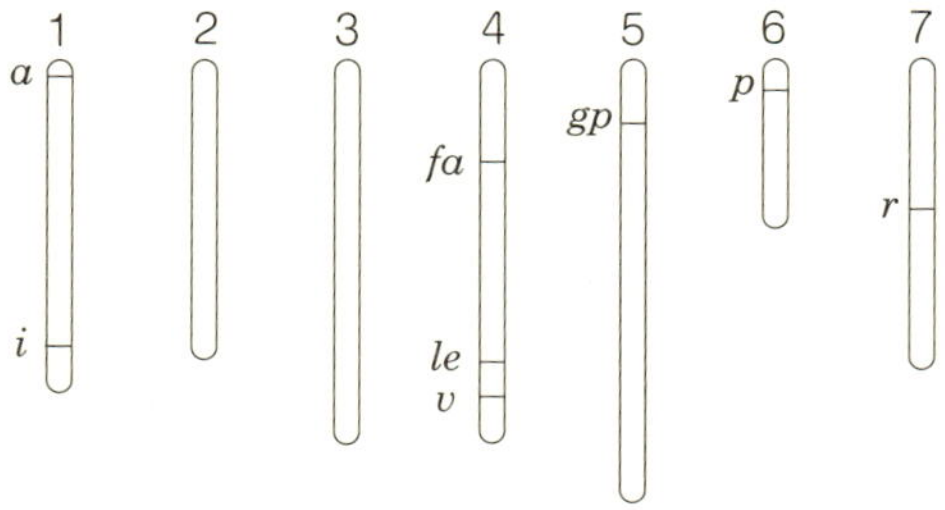

図３　メンデルの調べたエンドウマメの形質の染色体上の位置

エンドウマメの染色体は７本ですので、２倍体細胞は 14 本の染色体を持ちます。染色体の番号は大きい順番ではありません。アルファベットは各形質の遺伝子の染色体上の位置を示しています。*a* は花の色と種子の色の両者を決定する遺伝子、*i* は子葉（双葉）の色、*fa* は花の位置、*le* は丈の高さ、*v* はさやの形、*gp* はさやの色、*p* はさやの形、*r* は種子の形の遺伝子です。遺伝子はイタリック字体で書く決まりです。さやの形の遺伝子だけは２つありますが、メンデルが検討したのがどちらかは判明していません。なお、図１では子葉の色は表示されていません。（図は Fairbanks & Rytting, 2001 [3] より引用）

というように、現在はそれぞれの遺伝子が染色体のどこに位置するかが明らかになっています。

なお、独立の法則について、それぞれの形質のあいだには関係はなく、と述べましたが、これはそれぞれの形質の遺伝子が別々の染色体上にあったり、あるいは同じ染色体上にあっても離れていたりした場合に成り立ちます。２つの形質の遺伝子が同じ染色体上の近い位置にあるときには、この２つの遺伝子は一緒に動くことがあるので、互いに独立にならない可能性があります。メンデルの検討した形質の遺伝子は別の染色体に乗っていたり、同じ染色体の上でも離れていたので、独立の法則が観察できました。

■第1章のまとめ

遺伝子には2つの役割があります。１つは親から子へ遺伝情報を伝えることです。近代遺伝学の創始者はメンデルです。長年にわたるエンドウマメの詳細な観察と交配実験からメンデルが彼の法則を発見したのは、今から１５０年あまり前でした。メンデルの法則は発表当時、なんら注目を浴びなかったのですが、１９００年に３人の別々の研究者たちによって再発見されました。

メンデルの法則は優性の法則（エンドウマメの丈の高さは、高い方が低い方に対して優性）、分離の法則（雑種第1代同士を交配して得られる雑種第2代のエンドウマメは丈が高いものと低いものが生じ、その比は３：１になる）、独立の法則（丈の高さ以外のほかの形質、たとえば種子の色が黄色は緑色に対して優性ですが、丈の高さとは関連がない）の３つです。

１９１５年には遺伝子が染色体上に乗っていることと、その大まかな位置の推定が可能になり、遺伝は染色体に基づいていることが明らかにされました。

第2章　染色体とDNAと遺伝子

●キーワード
染色体、常染色体、性染色体、ゲノム、DNA、RNA、塩基、塩基対、ヌクレオチド、二重らせん、1倍体、2倍体

染色体

1900年にメンデルの法則が再発見されると、1915年にはショウジョウバエの研究によって、遺伝子は染色体上に乗っていること、さらにその大まかな位置も推定されて、遺伝は染色体に基づくことが明らかになりました。ショウジョウバエは果物の上を飛び回る小型のハエで、英語では fruit fly です。

さて、1個の細胞が分裂して2個になろうとするとき、核の中にあった染色質が明確な形となっ

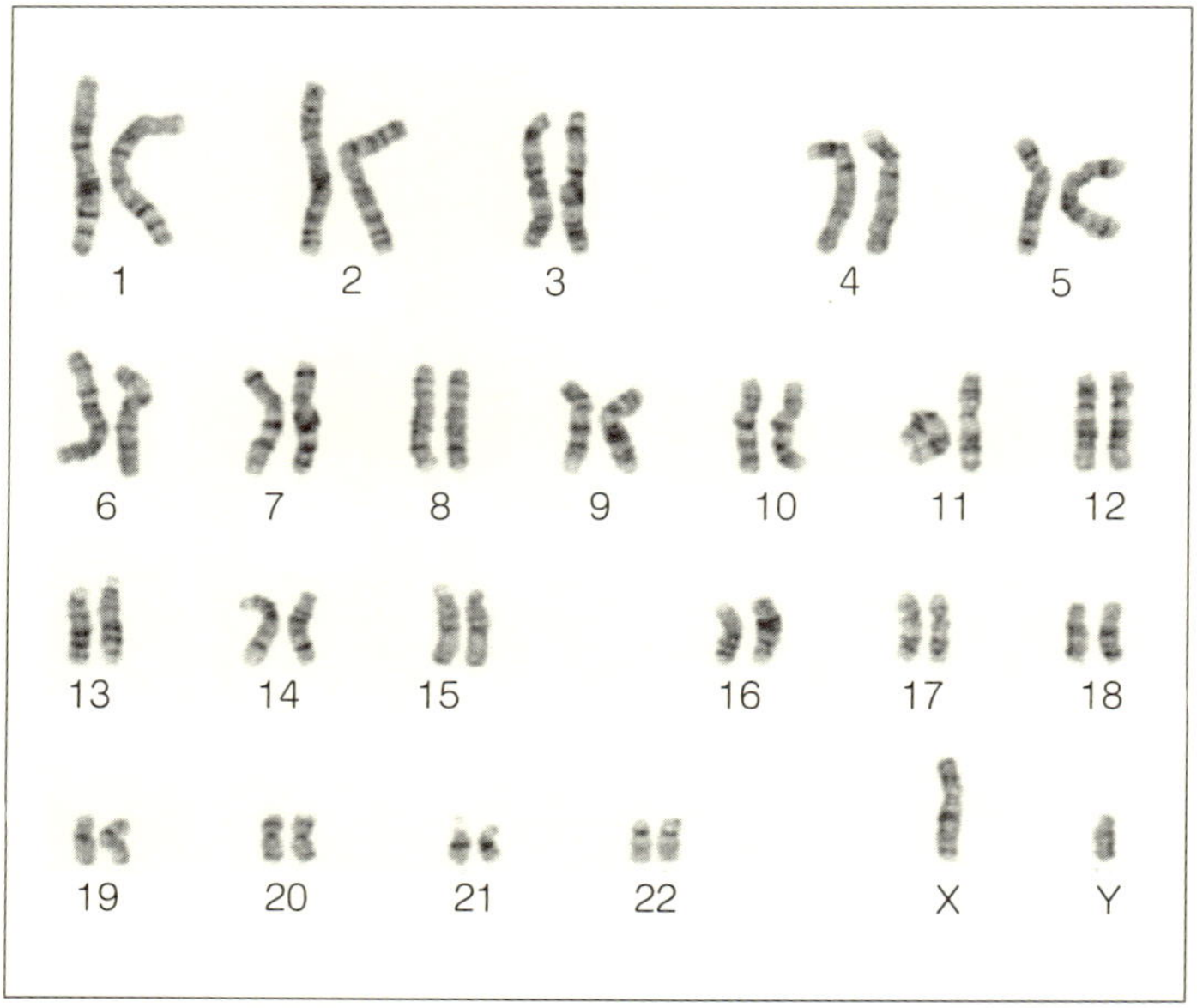

図 4　ヒトの染色体

ヒト 2 倍体細胞（体細胞）の染色体分析結果を示します。46 本の染色体からなります。1 番から 22 番までが常染色体、X 染色体と Y 染色体が性染色体です。図では X と Y ですので、男性の染色体です。女性では X 染色体が 2 本です。1 番からほぼ大きさの順に並んでいますが、19 番から 22 番染色体までは大きさにはそれほど違いがありません。2 本ずつ同じ番号の染色体があるのはそれぞれが父由来と母由来だからです。同じ番号の染色体には対応する遺伝子が同じ順番で乗っています。それで互いの染色体を相同染色体と呼んでいます。

染色体の上の黒い横線の部分と白っぽい部分がありますが、この 1 つ 1 つは遺伝子ではありません。白っぽい所にたくさんの遺伝子が集中しています。遺伝子はおおざっぱに言って、平均的な大きさの染色体 1 本に 1000 個乗っているので、染色体分析では認識できません。もっと細かいレベルで見ていくことになります。

て染色体になります。ヒトの染色体は46本あります（図４）。男性は22本の常染色体が２組と２本の性染色体（X染色体とY染色体を1本ずつ）を持ち、女性は22本の常染色体２組と２本の性染色体（X染色体を２本）を持っています。

46本の染色体のうち23本（22本の常染色体＋1本の性染色体XまたはY）は父親から、残りの23本（22本の常染色体＋1本の性染色体X）は母親からもらいます。父親と母親から同じ番号の対応する染色体1本ずつをもらうので、常染色体は22対あります。この同じ番号同士の対応する染色体を、相同染色体と呼びます。写真で見てもどちらの染色体が父親由来か母親由来かはわかりませんが、それぞれ父親の精子と母親の卵（卵子）に由来します。したがって生殖細胞である精子と卵の染色体数は、各々23本です。この23本の状態を1倍体と言っています。

それで、精子と卵が受精すると、受精卵は46本の染色体を持つことになります。これが２倍体です。体細胞も46本の染色体を持つので２倍体です。父親の精子に由来する性染色体がX染色体であれば、受精卵の性染色体はX染色体２本になるので、受精卵（子ども）は女性に、精子の性染色体がY染色体であれば、XとY染色体なので男性になります。

常染色体は1番２本、２番２本、３番２本 ⋮ というように２本ずつの組で、順番は大きい方から1番、２番、３番 ⋮ と呼びます。ただし、19番から22番染色体までは大きさにはそれほど違いがありません。1倍体23本の染色体上に31億塩基対のＤＮＡが乗っていて、詳しくは後で述べますが、そのうちわずか１・５％が遺伝子です（塩基対は27ページ参照）。

ヒト染色体の一組23本のＤＮＡ総量（塩基対の総量）については本や資料によって、30億～32億塩基対と幅がありますが、本書では参考書籍８（『ヒトの分子遺伝学第４版』p.296. 原著は２０１１年刊）にしたがって、31億塩基対とします。また、同文献では「２００９年後半の時点でヒトタンパク質をコードする遺伝子の推定数はおよそ2万００００～2万１０００個あたりに落ち着いた」（p.299）とされているので、以下、2万１０００個として説明します。

なお、図４の染色体の写真で、それぞれの染色体に横方向に帯状の黒い部分と白い部分があるのがわかりますが、白い部分に遺伝子が集中しています。

ここまで遺伝子の第1の役割である、親から子への遺伝情報を伝えることについて述べました。遺伝子のもう一つの意味と役割はタンパク質をつくるための情報であることですが、このことについて説明する前に、ＤＮＡの構造とＤＮＡの複製について述べておかなくてはなりません。

ＤＮＡという言葉の意味

ＤＮＡとはデオキシリボ核酸の略で、核内では1本ずつの染色体はＤＮＡのつながりからできています。ヒトの染色体は46本なので、ＤＮＡのつながりは46本に分かれています。核酸には、このデオキシリボ核酸（ＤＮＡ）とリボ核酸（ＲＮＡ）があります。

ＤＮＡ＝デオキシリボ核酸という言葉はデ〈否定〉＋オキシ〈酸素〉＋リボ〈五炭糖の一つであ

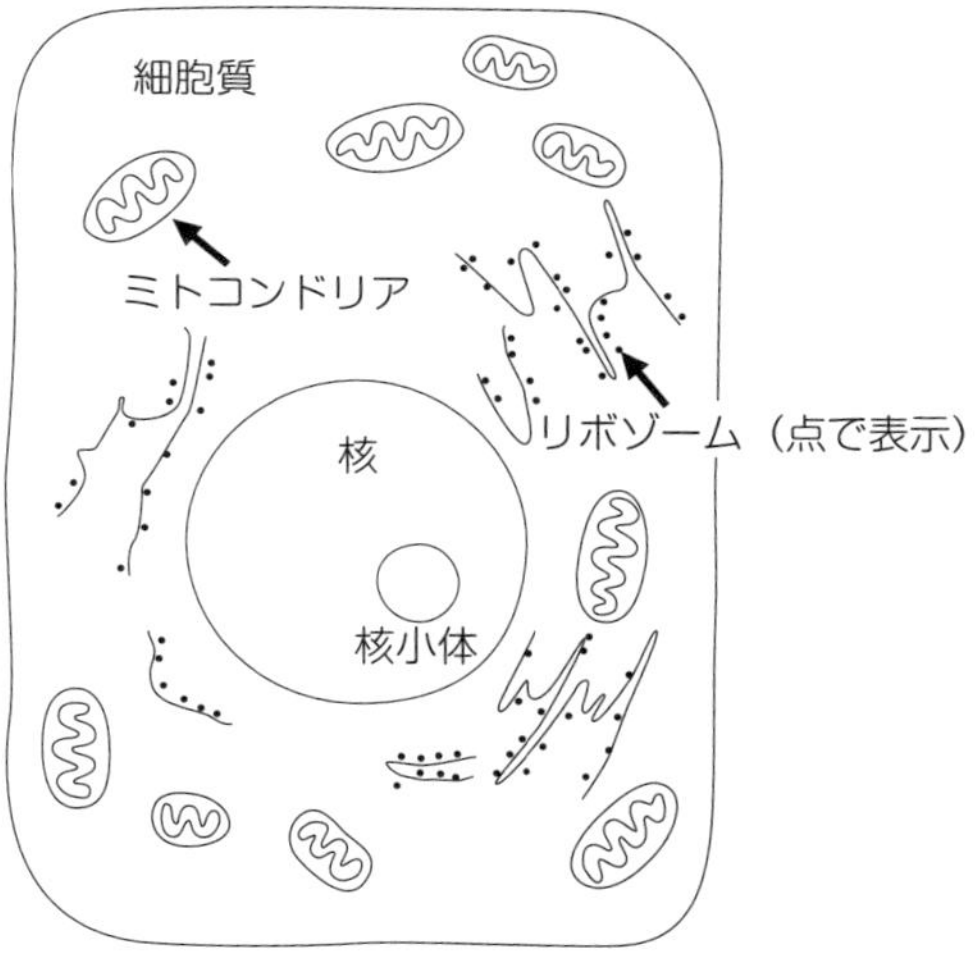

図5　動物細胞のごく簡単な模式図

核の中でDNAの複製、メッセンジャーRNAへの転写とスプライシング、転移RNAの生成、リボゾームRNAの生成が行われ、できあがったメッセンジャーRNAと転移RNAとリボゾームRNAは細胞質に送り出され、細胞質でタンパク質への翻訳（タンパク質の合成）が行われます（図13）。ミトコンドリアは細胞質にあって、独自のDNA（ミトコンドリアDNA）を持ち、エネルギーの産生や糖質・脂質・アミノ酸の代謝を行います。なお、核内にも細胞質にもさまざまな構造がありますが、図にはそのごく一部を示しています。

図６　DNA の構造

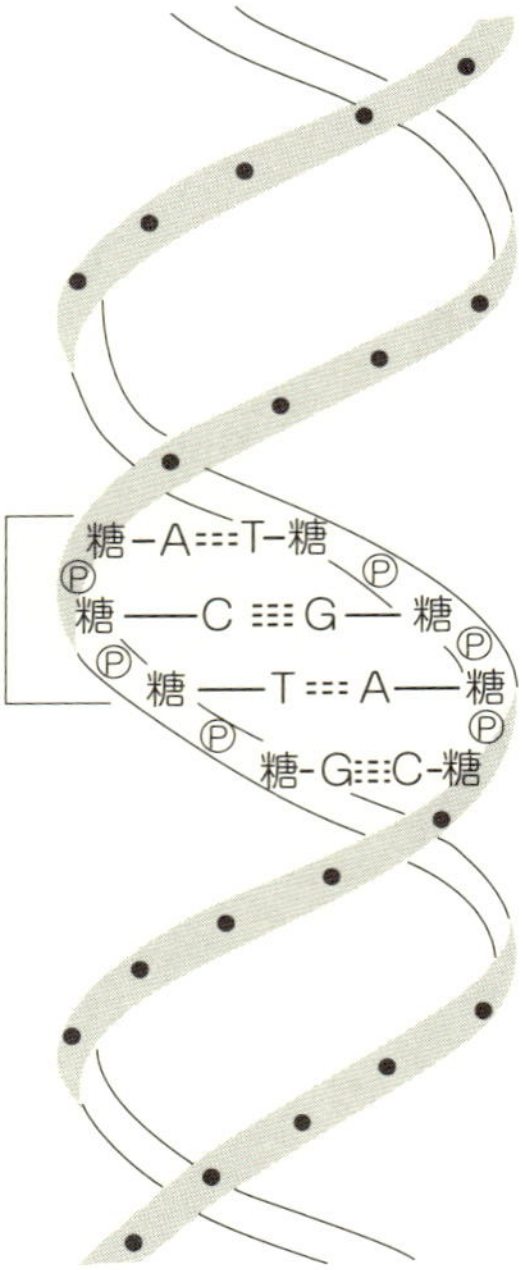

この部分の３組の塩基のペアを図９に示します。

DNA は２本のらせんからできています（二重らせん）。デオキシリボースという五炭糖（炭素原子５個から成る糖。図中「糖」と表示）がリン酸（図中Ⓟ）をはさんで図では縦につながっています。この幹（糖 - リン酸バックボーン）から４種類の塩基、アデニン（A）、チミン（T）、グアニン（G）、シトシン（C）が短い葉っぱのように横に出ていて、向かい合った塩基同士はペアになっています。

塩基の組み合わせには法則性があって、A は T と、G は C と相対しています。ペアの塩基同士は水素結合という弱い結合をしています。水素結合は図では破線で表示されています。水素結合の数は塩基の種類で決まっていて、A と T のあいだは２個、G と C のあいだは３個です。詳しく言うと、A は２個、T も２個、G は３個、C も３個の水素結合をする構造を持っているために DNA の二重らせんでは A と T、G と C が常に向き合っています。この相対する構造を利用して一組の DNA から二組の DNA がつくられる「複製」や、DNA から RNA がつくられる「転写」が行われます。この相対する関係を「相補的」と呼んでいます。複製の場合は２本の DNA ともに複製されますが、転写では DNA 鎖の１本だけが RNA 合成の鋳型となります。

るリボース〉＋核酸 からできています。核酸という名前は、核から分離された物質であることとリン酸を含む酸性物質だったことから命名されました。ＲＮＡ＝リボ核酸で、これもリボース＋核酸 の意味です。

DNAの構造

まず、ヒトの細胞の中に核が１個あります（図５）。この核の中にＤＮＡが入っています。ＤＮＡの組成はデオキシリボースという五炭糖（炭素原子５つから成る糖）がリン酸をはさんでつながっています。そして五炭糖とリン酸のつながりが幹《みき》となって、１個の五炭糖から１個の塩基が葉っぱのように出ています。このつながりがＤＮＡの構造です。そして２本のＤＮＡが二重らせんをつくっています（図６）。

ＤＮＡの場合、塩基にはアデニン（Ａ）、チミン（Ｔ）、グアニン（Ｇ）、シトシン（Ｃ）の４種類があります。このＤＮＡのつながりが遺伝情報になっています。ＤＮＡのつながりを表記するとき、幹であるデオキシリボースとリン酸は同じなので、とくに書き表す必要はありませんから、塩基だけを表記するといいことになります（図７）[4]。

ちょっと寄り道をすると、１９９７年の映画で『ガタカ』（イーサン・ホーク主演）という作品がありました。ストーリーは、「遺伝子操作により管理された近未来。宇宙飛行士を夢見る青年ビン

非鋳型鎖	5' 側							3' 側
(センス鎖)	ATG	CCA	GAA	GTC	GAG	AGA	…	…
鋳型鎖	3' 側							5' 側
(アンチセンス鎖)	TAC	GGT	CTT	CAG	CTC	TCT	…	…
メッセンジャー	5' 側							3' 側
RNA	AUG	CCA	GAA	GUC	GAG	AGA	…	…
アミノ酸	メチオニン	プロリン	グルタミン酸	バリン	グルタミン酸	アルギニン	…	…
アミノ酸の1文字略語	M	P	E	V	E	A	…	…

図 7　DNA 配列の一例

図の最上段 ATG CCA GAA ･･･ という配列（非鋳型鎖＝センス鎖）はトロポニンという筋肉タンパク質の遺伝子の DNA 配列の最初の 18 塩基のみを示したものです[4]。A はアデニン、T はチミン ･･･ というのは前述のとおりです。これらの塩基配列は実際は図 6 や図 9 に示した構造をとっています。上図のように ATG CCA GAA ･･･ と書くと、それだけで DNA 配列がわかります。糖 - リン酸バックボーンは塩基の種類にかかわらず同じだからです。また、DNA 配列は二重らせんですから、この配列に対応するもう一つの配列があります。それが鋳型鎖（アンチセンス鎖）で、この鋳型からメッセンジャー RNA が転写されます。

センス鎖はタンパク質の遺伝暗号をコードしている、意味のある鎖ということになります。アンチセンス鎖は無意味というわけではなく、センス鎖に対応する（相補的な）鎖です。アンチセンス鎖が鋳型になってメッセンジャー RNA がつくられます。コドン表については表 3 を、アミノ酸の種類については表 2 を参照してください。非鋳型鎖とメッセンジャー RNA は同じ塩基配列ですが、T（チミン）が U（ウラシル）になっているところが違います。

セントは、優秀な遺伝子を持たないために希望のない生活を送っていました。ある日、彼は優秀な遺伝子を持つ元エリートに成りすます偽装の契約を結び、宇宙飛行施設〝ガタカ〟に潜り込みます……」[5]というものです。ガタカは塩基のつながりのイメージでＧＡＴＴＡＣＡとつづられていて、遺伝子操作によって管理されている世界を表しています。

ここで、塩基－五炭糖－リン酸が一組になったものを、ヌクレオチドと言います（図８）（ヌクレオチド nucleotide という言葉は nucleo-〈「核の」の意味〉＋ｔ〈発音しやすくするために加えられたｔ〉＋ide〈化合物を示す接尾語〉から成っています）。このヌクレオチド同士が五炭糖とリン酸の部分でつながっています（糖－リン酸バックボーン）。このバックボーンは、実はコイルのようならせんをつくっています。伸びきったバネのようなゆっくりした構造を想像してください。この構造がＤＮＡです（図６）。

このコイルは二重になっています。ヒトのＤＮＡ構造として有名な二重らせんです。この構造は２本のらせんが重なっていて、２本のらせんの塩基同士が向き合って二重になっています。２本のらせんの糖－リン酸の幹（バックボーン）から塩基が短い葉っぱのように出ていて、向かい合った塩基同士がペアになっています。

二重らせんの２本のらせん構造は、それぞれがヌクレオチドの連続（ポリヌクレオチド）でできています。二重らせんの内側から見ると、各々のポリヌクレオチド鎖は塩基が内側、糖－リン酸バックボーンが外側にあります（図９）。ヌクレオチドの積み重なりが少しずつ回転しながら、縦

図 8-A：塩基

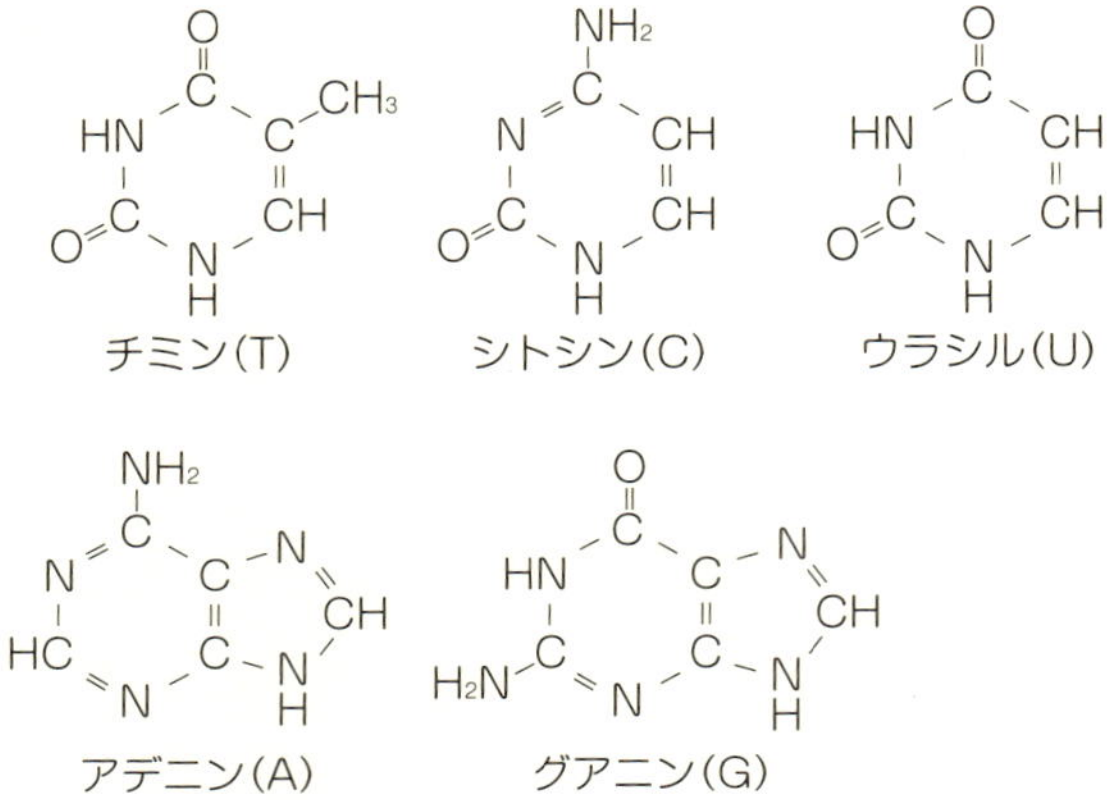

図 8-B：ヌクレオチド

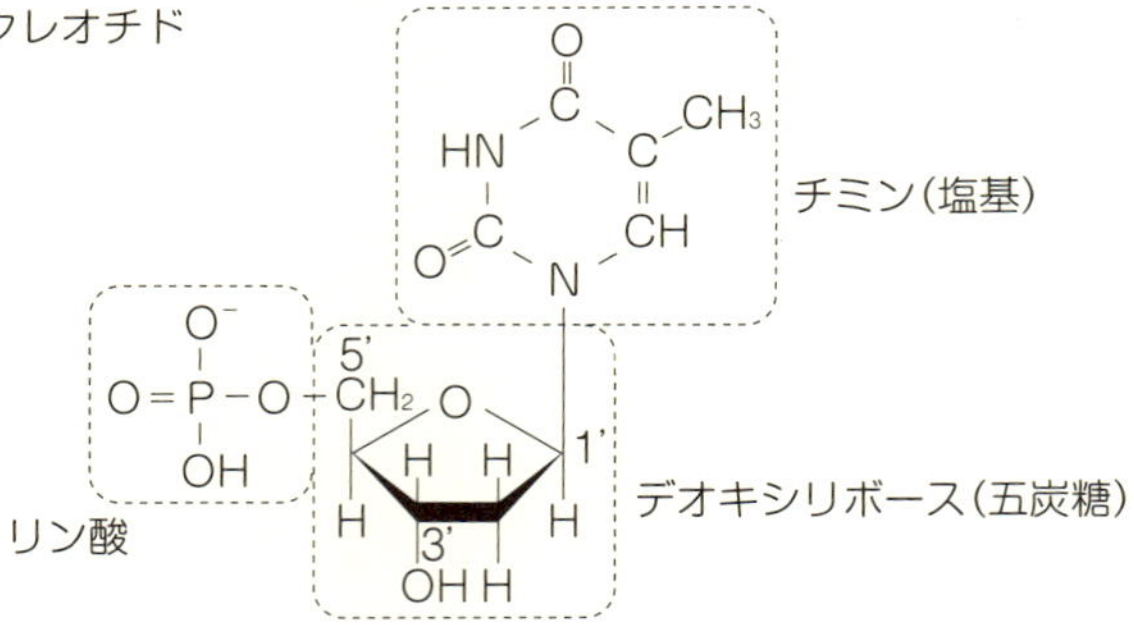

図 8　塩基とヌクレオチド

（図8-A）DNAの塩基はチミン（T）、シトシン（C）、アデニン（A）、グアニン（G）の4種類です。チミンとシトシンのような六角形の構造のものとアデニンとグアニンのように六角形と五角形の合わさった構造のものがあります。RNAの塩基ではチミンの代わりにウラシル（U）が使われます。

（図8-B）ヌクレオチドは塩基＋五炭糖＋リン酸から成ります。五炭糖は名前のとおり5つの炭素原子（C）を含みます。このCは炭素carbonのCですので、シトシンcytosineのCとは区別してください。図では五角形の頂点の一つは酸素（O）です。残り4つの頂点には元素を記入してありませんが、この4か所にはCが存在します。5番目のCは五炭糖の左上の－CH_2－部分のCです。五炭糖の5つのCの位置は右から1'、2'、3'、4'、5'と表記します。図には1'、3'、5'だけ表示しています。ダッシュ（プライム）が付いているのは、糖の炭素原子であることを意味します（図9に示す3'と5'は、この五炭糖の炭素の位置に対応しています）。図ではDNAをつくる糖のデオキシリボースを表示しています。RNAの場合は五炭糖はリボースになります。

につながっています（図6）。2本の鎖のらせんの形は同じですが、五炭糖の構造の3番目（3'）の炭素Cにリン酸がつくのか、または5番目（5'）の炭素Cにつくのかによって、DNAのらせんの方向性が決まります（図9）（なお、3'と5'は日本では「さんダッシュ」と「ごダッシュ」と言うことが多いですが、本来は「スリープライム」と「ファイブプライム」です）。

2本の鎖の向きは、5'→3'方向と3'→5'方向と逆向きになっています。この向きがDNAの複製（2本鎖の1組のDNAから2本鎖の2組のDNAがつくられる）のときに重要になります。複製は5'→3'方向になされるからです。DNAの2本鎖は2本とも複製されますが、2本の鎖で複製のされ方が異なります。5'→3'方向の複製は

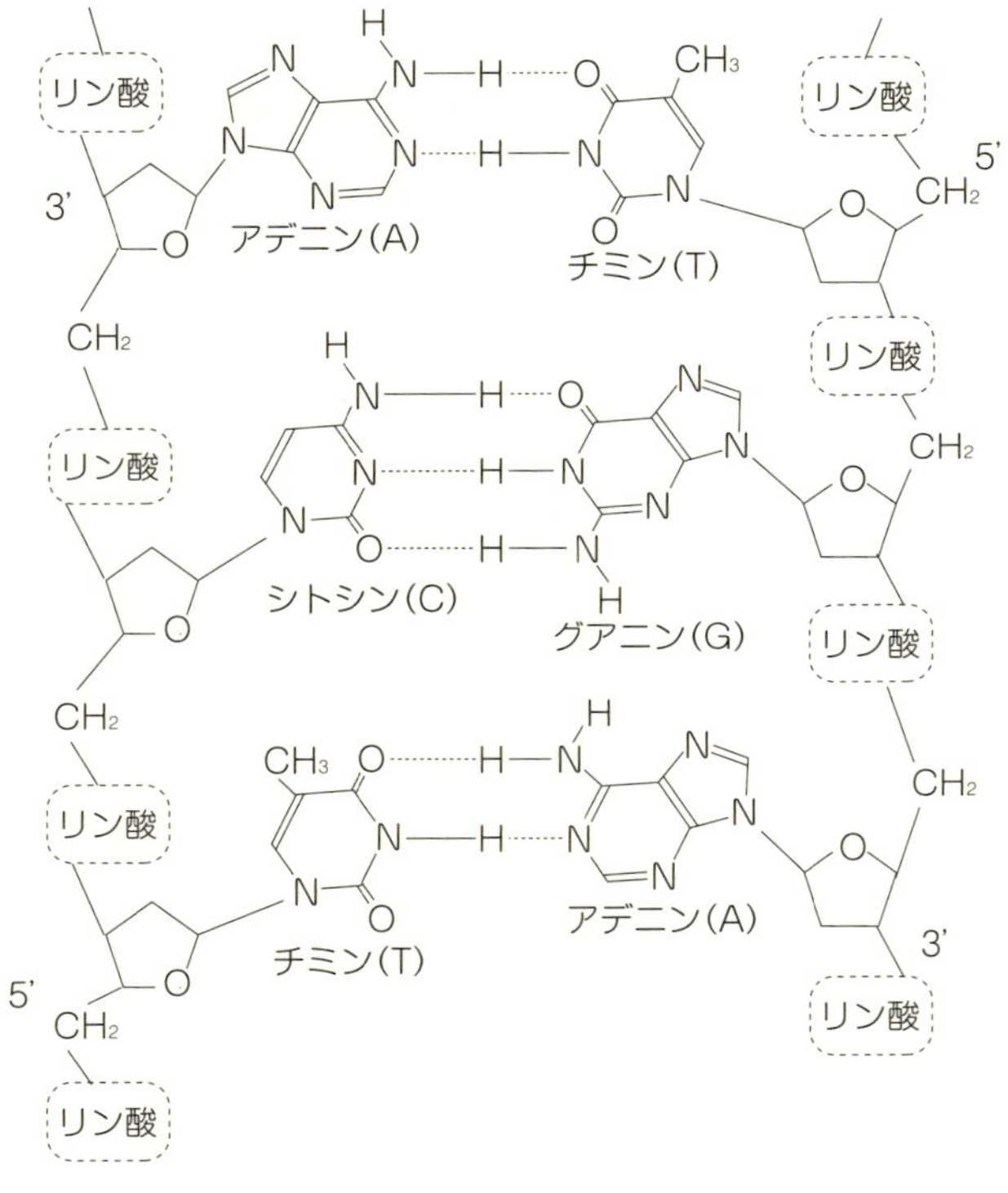

図 9　DNA の 2 本鎖の詳細図

DNA のそれぞれの鎖はヌクレオチド（塩基＋五炭糖＋リン酸）がつながっているポリヌクレオチドから成り立っています。図ではそれぞれの鎖の３個ずつのヌクレオチドのつながりを示します（図 6）。左下のチミン（T）から成るヌクレオチドでは、チミンー五炭糖ーリン酸というつながりが見られます（図 8-B）。五炭糖とリン酸が図では縦方向につながって木の幹のようなバックボーンをつくっています。そこから葉っぱのようにチミンが出ています。

バックボーンには方向性があって、左右の鎖では五炭糖の向きが逆になっています。五炭糖の５番目の炭素（C）つまり、5' の C は$-CH_2-$の形でリン酸とつながっていて、右の鎖は上から下へ 5' → 3' 方向に、左の鎖は下から上へ 5' → 3' 方向につながっています。（5' → 3' 方向が基本なので、この方向を中心に述べます。）塩基同士はアデニン（A）とチミン（T）、グアニン（G）とシトシン（C）がペアになって、水素結合（水素 H と酸素 O またはチッ素 N 原子が弱く結合）しています。水素結合を破線 --- で示します。水素結合の数は、塩基によって２個または３個です（図 6）。

中断されることなく、そのまま進んで行きます。3'→5'方向の場合は3'→5'方向に短い複製が少しずつつくられ、それらがつなぎ合わされて長くなるという方法をとります（図10）。また、転写（DNAからRNAがつくられること。少し詳しく言うと、2本鎖のDNAの片方のみが1本のRNAに写しとられて、RNAがつくられること）と翻訳（RNAからタンパク質がつくられること）の場合も、同じく5'→3'方向に進みます。そのため5'側を上流、3'側を下流と呼んでいます。

2本のDNAの鎖の向き合った塩基の組み合わせには法則性があって、DNAの場合はアデニン（A）とチミン（T）が向き合い、グアニン（G）とシトシン（C）が向き合うようになっています（図9）。後

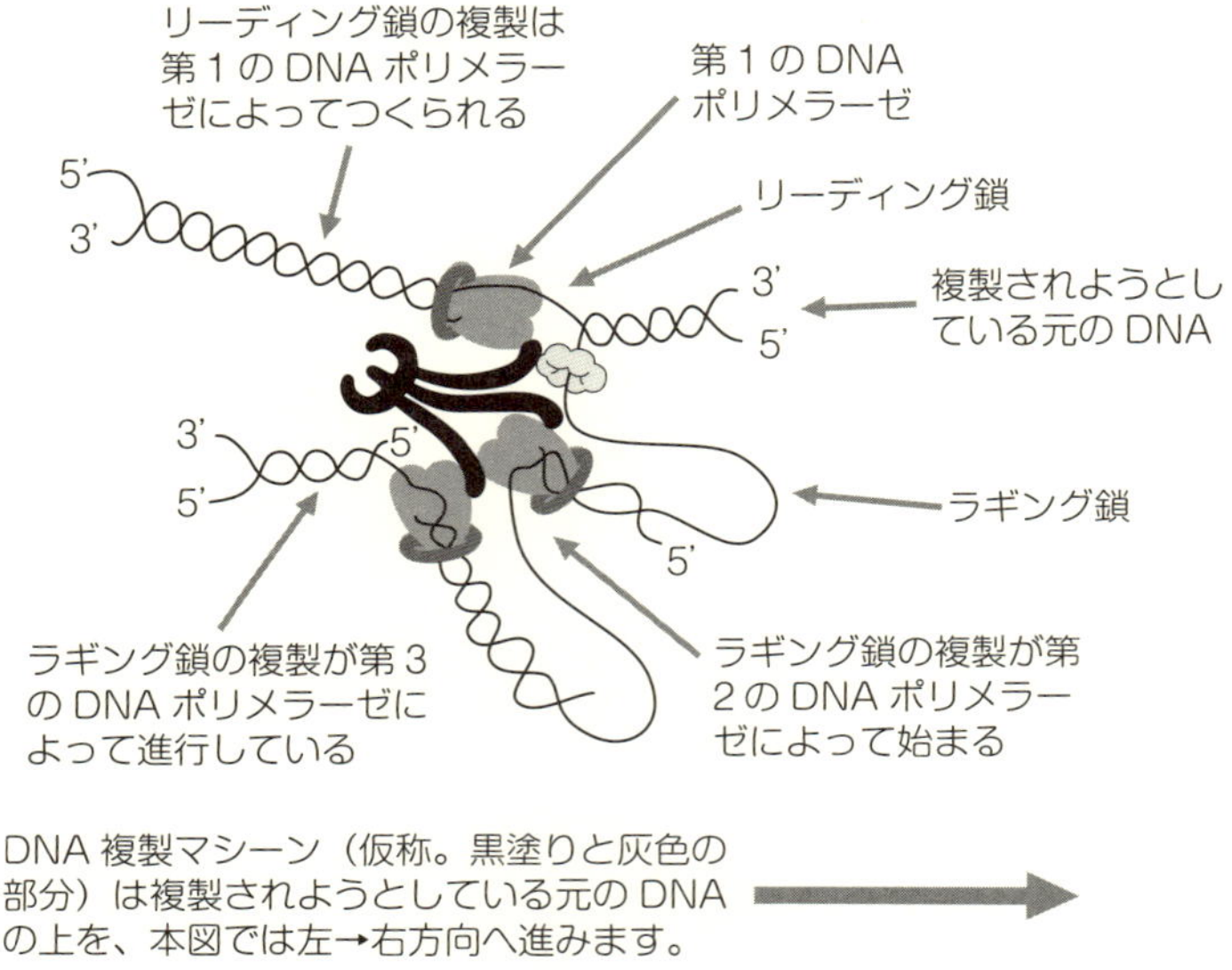

図 10　DNA の複製の仕組み

複製されようとしている元の DNA は右上の 2 本鎖の DNA です。この DNA の上を DNA 複製マシーン（仮称。黒塗りと灰色の部分）が左から右方向へ進んで行きます。マシーンには 3 個のにぎりこぶしのような構造がありますが、これが DNA ポリメラーゼ（1 本鎖の核酸を鋳型にして、対応する塩基配列を持つ DNA 鎖を合成する酵素）です。

元の DNA は 2 本鎖がほどかれて、片方の鎖（マシーンの進行方向の鎖。5' → 3' 方向の鎖。リーディング鎖）は順方向なので 1 個のポリメラーゼによってそのまま合成されていきます。もう一方の鎖（マシーンの進行方向と逆の鎖。ラギング鎖）の場合は 2 個のポリメラーゼが別々に、少しずつ鎖をつくっていって、それらをつなぎ合わせます。こうして DNA の 2 本鎖のそれぞれが複製され、一組の元の DNA から 2 本鎖が 2 組つくられます。（図は参考書籍 10 より改変）

で述べますが、ＲＮＡではアデニン（Ａ）に対してチミンの代わりにウラシル（Ｕ）が向き合い、グアニン（Ｇ）とシトシン（Ｃ）の向き合いはそのままです。この塩基同士のペアは、覚えておくと役に立ちます。

覚えることは、ＤＮＡの塩基はＡとＴ、ＧとＣがそれぞれペアで、ＲＮＡはＡとＵ、ＧとＣがペア。それだけです。塩基の向き合い（塩基対、読み方は「えんきつい」）は、塩基の形状と互いの塩基同士の水素結合によってつくられています（図９）。いつも同じペアになっていて、この関係を相補性と言っています。この塩基対構造が二重らせんをつくっています。

ＤＮＡの長さを表すときに、塩基の個数で表すことができますが、二重らせんなのでペアですから、塩基対と表現します。ヒトの１倍体＝23個の染色体の持つＤＮＡ全体の長さ（ゲノム全体の長さ）は、31億塩基対になります。31億塩基対を１本につなげてピンと伸ばすと、約１ｍの長さになります。ヒトの細胞の核の直径は平均10ミクロン（１ミクロンは１㎜の１０００分の１）程度ですが、この中に１ｍもの長さのＤＮＡが格納されているのは驚きです（参考書籍10 p.199）（単純に考えれば１ｍ÷10ミクロン＝10万なので、10万分の１に折りたたまれています）。

ＤＮＡと遺伝子の違い

さて、この31億塩基対のＤＮＡがすべて遺伝子ではありません。ヒトの遺伝子はおよそ２万１０

００個とされていて、この2万1０００個の遺伝子は31億塩基対の1・5％ほどを占めるにすぎません。残りの大部分は従来はゴミと考えられていて、ジャンクＤＮＡとも呼ばれていました。

ところが、最近になって、このゴミと考えられていた領域のＤＮＡは、遺伝子の発現（ＤＮＡからＲＮＡを経てタンパク質をつくること）を調節しているらしいことがわかってきました。研究者によっては、ゴミどころか、宝の山だと言う人もいます。なお、この31億塩基対のように、細胞の持つ全遺伝情報または全ＤＮＡを、ゲノムと呼んでいます。遺伝子は英語でジーン gene、オーム ome は全体の意味なので、その2つをくっつけた言葉ゲノム genome は、ある生物の遺伝情報のすべての意味になります。

したがって、ヒトの遺伝子は核内の全ＤＮＡの1・5％しか占めていないので、遺伝子イコールＤＮＡではないわけです。ですからニュースなどで遺伝子やＤＮＡという言葉が出てきたときに、特定の遺伝子のことか、ゲノム全体のことか、注意する必要があるでしょう。

遺伝子の定義としては「特定のタンパク質分子（あるいはメッセンジャーＲＮＡ分子）を合成するのに必要な、染色体上のＤＮＡ配列」ということができます。そして遺伝子はエクソンとイントロンから成り立っていて、それを利用した選択的スプライシングという方法を使って1つの遺伝子から何種類ものタンパク質をつくることを可能にしています（後述）。

塩基

「塩基」という言葉は、狭い意味ではアルカリと同じです。酸性とアルカリ性のアルカリです。このときの酸は水素イオンを生じる物質で、アルカリ（塩基）は水酸化イオンを生じる物質です。DNAの場合の塩基という言葉はもう少し広い意味で、酸は水素イオン（H＋）を渡す物質で、塩基は水素イオン（H＋）を受け取る物質ということになります。実際は2本のらせんの向かい合った塩基のあいだで水素イオンの授受があるわけではなく、水素イオンを介した水素結合という弱い結合をしています（図9）。結合が弱くないとDNAの複製ができません。DNAの複製のときには、二重らせんが開く必要があるからです。

付け加えると、DNAの二重らせんは安定していて、遺伝子の構造としてふさわしいと言えます。塩基対は内側を向いているので、塩基配列つまり遺伝情報は、遺伝子外部のさまざまな化学物質から守られています。

DNAの二重らせん構造の発見

DNAの二重らせん構造の発見についての話は大変有名です。発見をめぐっては、スキャンダラスなできごとがありました。構造を知るのに不可欠な、ＤＮＡのＸ線結晶構造回折《かいせつ》写真を撮影したのは、女性研究者のロザリンド・フランクリン（ロンドン大学）で、構造発見のしのぎを削る競争の参加者の一人でした。

ジェームズ・ワトソン（当時25歳、ケンブリッジ大学）とフランシス・クリック（当時37歳、ケンブリッジ大学）は、ロザリンドの上司モーリス・ウィルキンスからロザリンドに無断で写真を見せてもらって、それを重要なヒントにして１９５３年にＤＮＡの二重らせん構造を提唱し、１９６２年にワトソン、クリック、ウィルキンスの３人がノーベル生理学・医学賞を受賞しました（ノーベル賞受賞時、ロザリンドは病気で亡くなっていて、ノーベル賞は一つのテーマについては3人まで、しかも受賞時に生きている人だけに与えられる決まりです）。この間の事情については、ジェームズ・ワトソン自身の書いた『二重らせん』[6]に活写されています。なお、この本は２０１２年に米国議会図書館の米国をつくった本88冊のうちの１冊に選定されました。

あらためて、遺伝子とＤＮＡと染色体の関係についてまとめると…

成人の体重が仮に60kgとして、その中に含まれる細胞の総数はおよそ60兆個と推定されています（多少違う値の推測もありますが、大きくは変わりません）。細胞１個の大きさは白血球などですと、おおざっぱに言って直径10～15ミクロンくらいです。細胞の種類によっては、ずっと大きい細胞もあります。10ミクロンというのは、１ミリメートルの１００分の１です。

細胞を見るのに使われる顕微鏡の拡大率でよく使われる倍率に、４００倍や１０００倍の拡大率があります。仮に１０００倍で拡大してみると、視野の中で10ミクロンの白血球は10ミリメートルくらいに見えます。顕微鏡で見やすいようにするために、たとえば血液細胞をガラス板の上に張り付けて色素で染色して標本にします。すると、１個の細胞の輪郭がはっきりして、細胞の中に細胞の直径の半分くらいの大きさの核があり、その周りの細胞質と区別ができます。

ヒトではほとんどの細胞は核を持ちますが、赤血球や血小板は核を持っていません。核の中には染色体が含まれます。染色体がはっきり認められるのは細胞分裂のときです。ふだんは不明瞭で、染色質と呼ばれます。図４は、細胞分裂時に１本１本の染色体が明らかになるので、そのときを写真にとらえ、１本１本の染色体を画像読み取り装置とコンピュータによって並べ替えて得た結果の画像です。

図４は１番から22番までの染色体が２本ずつ、そして男性なのでX染色体とY染色体を１本ずつ持った２倍体細胞の染色体です。１番から22番の染色体と性染色体を１本ずつ父親と母親から子どもはもらいます。片親からもらう染色体の本数は23本で、23本の染色体上に31億個の「塩基対《えんきつい》」が乗っています。31億塩基対が23本の染色体に乗っているので、１本あたり１億個以上の塩基対が乗っていることになります。

ここで、塩基対というややこしい言葉を使うのは、次の理由からです。ＤＮＡが二重らせんになっているので2本のらせんの1本ずつの上に連続した塩基が乗っていて、2本のらせんは向き合っています。らせんは内側の塩基部分で向き合っていて、向き合い方には決まりがあり、アデニン（A）とチミン（T）、グアニン（G）とシトシン（C）になっています。相手の塩基が決まっているので、2つの塩基が組になっているという意味で、塩基対と言います。AとT、GとCは向き合って、互いのあいだには水素結合という弱い結合が働いています。

2本のらせんが組になって塩基同士が弱い結合をしていて、その塩基の組み合わせは決まっているということは、二重らせんの1本の塩基配列がわかっていれば、もう1本の塩基配列は自動的にわかることを意味します。このような組になっていることで、DNAの複製や、DNAからRNAへの転写が可能になっている、優れた構造です。

でも、31億個の塩基対のすべてが遺伝子ではありません。31億個の中でタンパク質をつくる情報を持った部分、これが遺伝子なのですが、先述のように遺伝子の部分はわずかに1・5％にすぎません。残りの部分は従来ゴミと考えられていたけれど、近年、この部分も重要な役割を果たしているのではないかと考えられている部分です。

そして、31億個の塩基全体をゲノムと呼んでいます。

第2章のまとめ

ヒトの染色体は46本ありますが、半分は父親から精子として、半分は母親から卵子としてもらいます。精子の染色体は23本（常染色体22本＋Xまたは Y染色体）、卵子の染色体は23本（常染色体22本＋X染色体）です。生殖細胞である精子と卵子が受精してできる受精卵が分裂、分化して、体細胞と新たな生殖細胞がつくられていきます。X染色体とY染色体が性染色体です。

遺伝情報のすべてをゲノムと言っています。遺伝情報は物質としてはＤＮＡ（デオキシリボ核酸）からできています。

塩基と五炭糖とリン酸が1分子ずつの組になったものをヌクレオチドと言い、ＤＮＡはこのヌクレオチドが集まってできています。五炭糖（炭素を５つ持った糖）とリン酸はヌクレオチドに共通ですので、ＤＮＡの遺伝情報は塩基（ＤＮＡには４種類の塩基があります）の違いに基づいています。

精子と卵子の持つ23本ずつの染色体のうち、常染色体22本は性差がなく、ほとんど同じ遺伝子を持っています。遺伝子それぞれのごくわずかな違いが、ヒト同士の違いになっています。生殖細胞は23本の染色体を持ち、これを1倍体と言い、体細胞は46本の染色体なので2倍体と呼びます。1倍体の中に31億個の塩基対《えんきつい》（本文参照）が含まれています。

31億個の塩基対のうちで、わずか１・５％がタンパク質をつくる遺伝子です。しかし、残りの部分にも意味があるらしく、研究が続けられています。ヒトの遺伝子は全部で2万1000個程度とされています。ヒトの遺伝子の多くは、タンパク質の設計図に相当するエクソン部分が何個かに分かれていて、そのあいだにイントロンという塩基の連続がはさまっています。2万1000個の遺伝子がおよそ10万種類のタンパク質をつくると考えられています。

第3章　細胞分裂とＤＮＡの複製、そして転写

●キーワード
細胞分裂、ＤＮＡの複製、メッセンジャーＲＮＡの生成（転写）

1個の細胞が分裂して2個になる細胞分裂では、もともとの細胞にあるＤＮＡは複製されて同じものが分裂した2個の細胞に分けられなくてはなりません。ヒト細胞の細胞分裂には、一般の体細胞の体細胞分裂と、生殖細胞に見られる減数分裂の2つがあります。

以下、体細胞分裂時のＤＮＡの複製について述べます。体細胞分裂が起きるには、細胞分裂の準備（G_1期）→ＤＮＡの複製（Ｓ期）→染色体分離の準備（G_2期）→染色体分離（Ｍ期）→そして再びG_1期へという細胞内のＤＮＡ複製を中心とした一連の過程が起こり、これを細胞周期と言っています（図11）。細胞周期の長さ（時間）は、細胞の種類によって大きく異なります。

ＤＮＡの複製と、ＤＮＡからＲＮＡへの転写の仕組みはよく似ていて、各々のプロセスにはた

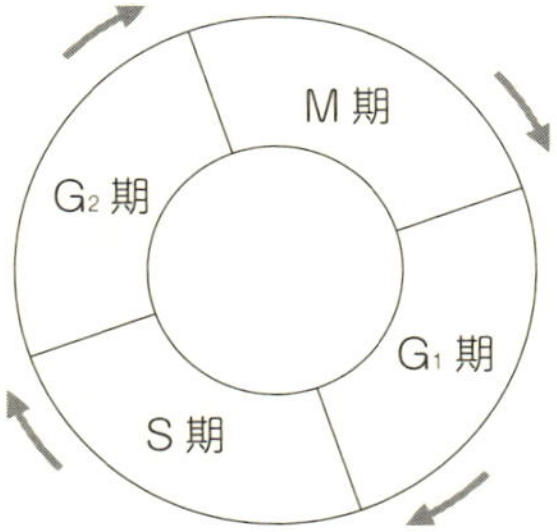

図 11　細胞周期

1 個の体細胞が分裂して 2 個の体細胞になり、それぞれが次の細胞分裂に備える一連の過程を細胞周期と言っています。体細胞とは生殖細胞に対比する言い方です。この 2 つでは細胞分裂のしかたが違うからです。ここでは体細胞分裂の細胞周期について述べます。

細胞周期は 4 つの時期に分けられます。まず、1 個の細胞が 2 個になる分裂期（M 期）、分裂したそれぞれの細胞は DNA 合成準備期（G_1 期）に入ります。次いで DNA 合成期（S 期）。この時期に DNA の複製が行われます。そして分裂準備期（G_2 期）を経て分裂期に入ります。このひとめぐりが細胞周期です。DNA 合成期の次の分裂準備期（G_2 期）に DNA の複製が行われるので、この時期の染色体は 4 倍体になります。

くさんのプレイヤー（複製や転写に働くタンパク質や特別なＲＮＡです。本書ではこれらの総称を、仮に分子マシーンあるいは場合に応じて複製マシーンや転写マシーンと呼ぶことにします）が働いています。

ＤＮＡの複製では、分子マシーンの中心になる分子はＤＮＡポリメラーゼで、転写ではＲＮＡポリメラーゼです。「ポリメラーゼ」の意味はポリマー（高分子化合物、重合体）をつくるものなので、ＤＮＡポリメラーゼは新しいＤＮＡを、ＲＮＡポリメラーゼはＲＮＡをつくりだしていくことになります。

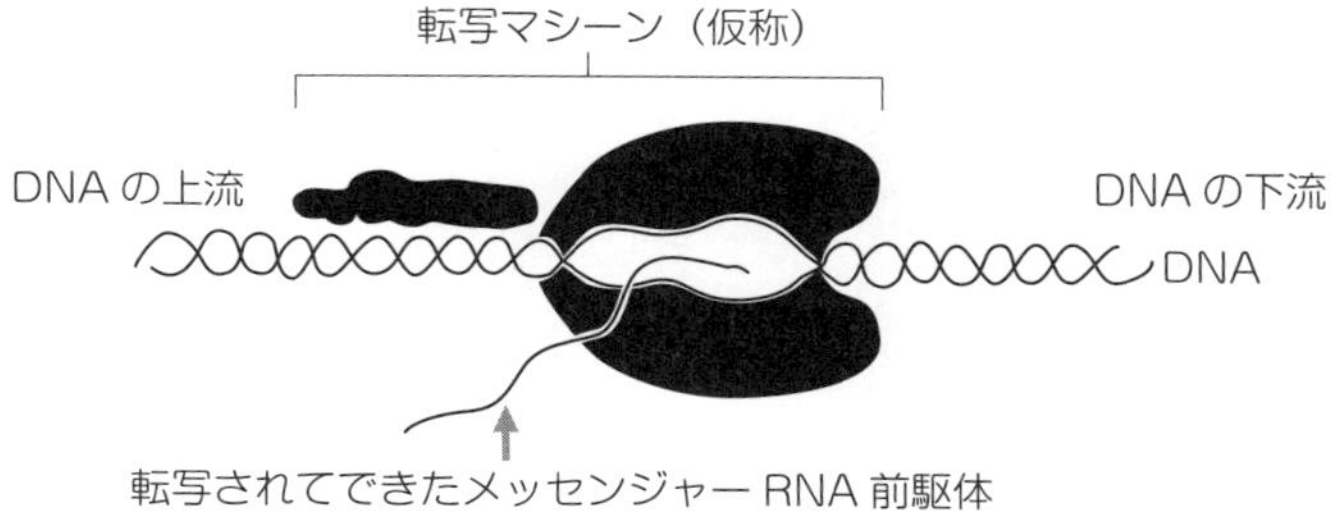

図12　転写の仕組み（DNAからRNAが写しとられる過程）

DNAの転写ではRNAポリメラーゼを中心にした転写マシーン（仮称）がDNA上の一定の転写の開始点から転写を始めます。DNAの鋳型鎖だけが転写されてメッセンジャーRNA前駆体がつくられて行きます。したがってメッセンジャーRNAは１本鎖です。転写マシーンはDNAの上流（図の左側）から下流（右側）方向へ進んで行きます。転写されている部分のDNAは二重らせんが開いていて、転写マシーンの通過後は元のDNAの２本鎖に戻ります。p.48参照。（図は参考書籍10より改変）

DNAの二重らせんの上を各々のプロセスに特有の分子マシーンのセットが動いていきます。動きながらDNAを複製したり（図10）、RNAへの転写（図12）を行います。ちょっとジッパーのつくりに似ているかもしれません。あるいは人気の新幹線ハウスキーパー車両「ドクターイエロー」を連想させます（転写については48ページ参照）。

複製や転写を行うときには、分子マシーンのセットが乗っかっているDNA部分では二重らせんが開いて、DNAの複製鎖やRNAがつくられていきます。分子マシーンが通り過ぎた後のＤＮＡは再び閉じて、二重らせんに戻ります。こうすれば転写の場合でも、設計図のＤＮＡはそのまま残すことができます。そしてＤＮＡの合成速度は、最速では毎秒１０００塩基というすごいスピードです（参考書籍10 p.266）。

ＤＮＡ複製の過程は、先ほどごくかいつまんで述べたように、複製用の分子マシーンのセットがＤＮＡ二重らせんが開いた部分を進んで行きます。コピー元の２本鎖の片方、5'→3'方向の鎖をリーディング鎖と呼び、逆方向の3'→5'方向の鎖をラギング鎖と呼んでいて、分子マシーン（ＤＮＡ複製の場合はＤＮＡポリメラーゼ）が両方の鎖をコピーしていきます（図10）。最終的にはもともとの２本の鎖がそれぞれコピーされて，４本の鎖になります。４本のＤＮＡ鎖が２本ずつ、２つの細胞に分けられていきます。

第3章のまとめ

細胞が複製されるとき、言い換えれば染色体が複製されるとき、ＤＮＡも複製されます。受精卵が2個、4個、8個、‥と細胞数を倍々にして、細胞が増殖するとともに、体のさまざまな器官の細胞に分化して、体をつくりあげていきます。できあがった体の細胞は、多くの器官では、古い細胞は死んで、新しい細胞に入れ替わっていきます。入れ替わりの過程でも、細胞は増殖、複製されていきます。

つまり、受精卵に始まって、やがて一人のヒトになる過程では、常にＤＮＡの複製が行われているわけです。一方、ヒトが親となり、子どもへ遺伝情報を伝えるとき（生殖細胞へ遺伝情報を伝えるとき）も、ＤＮＡの複製が行われます。ただし、細胞分裂のしかたは体細胞と生殖細胞では異なります。

第4章　遺伝子の役割
――その2　タンパク質をつくるための情報

●キーワード
セントラル・ドグマ、メッセンジャーRNA、リボゾームRNA、転移RNA、転写、翻訳、コドン（遺伝暗号）、コドン表（遺伝暗号表）、選択的スプライシング、ミトコンドリア

さて、DNAの構造と複製について整理したところで、遺伝子のもう一つの意味・役割について述べましょう。それはタンパク質を生物の体内でつくるための情報であることです。この場合の生物とは細菌でも、植物でも、動物でも、人間でもかまいません。生物の細胞内では、DNAからRNAがつくられ、RNAからタンパク質がつくられます。このときのDNAが遺伝子です。ただし、前述のとおり、DNAイコール遺伝子ではありません。ヒトでは遺伝子はヒト全DNA（ゲノム）の1・5%しか占めておらず、この1・5%が直接の遺伝情報であって、タンパク質の設計図にな

ります。

セントラル・ドグマ（DNA→RNA→タンパク質）

まず、タンパク質の設計図である1・5％のDNAからRNAが写しとられます。DNAから写しとられたRNAは不要な部分を切り出されて（スプライシング。後で述べます）、できあがったものがメッセンジャーRNA（mRNAと略されることもあります）です。DNAからRNAが写しとられるという仕組みになっているのは、DNAは設計図なので、何度も使わなければいけないからです。

情報を写しとってできあがったメッセンジャーRNAは、細胞内のタンパク質の合成工場であるリボゾームに送られます（図13）。リボゾームはRNAの一種であるリボゾームRNAとリボゾームタンパク質からできています。転写でつくられるメッセンジャーRNAでは、前述のようにT（チミン）はU（ウラシル）に変換されています（図7）。

1個の細胞は細胞質と核からできていて、細胞質の外側を細胞膜が覆って、細胞内と細胞外を分けています。リボゾームRNAは核内で合成されて、核から細胞質へ出て、リボゾームタンパク質と共にリボゾームをつくっています。リボゾームに核内でつくられたメッセンジャーRNAが到達して、遺伝情報を提示します（図5、図13）。

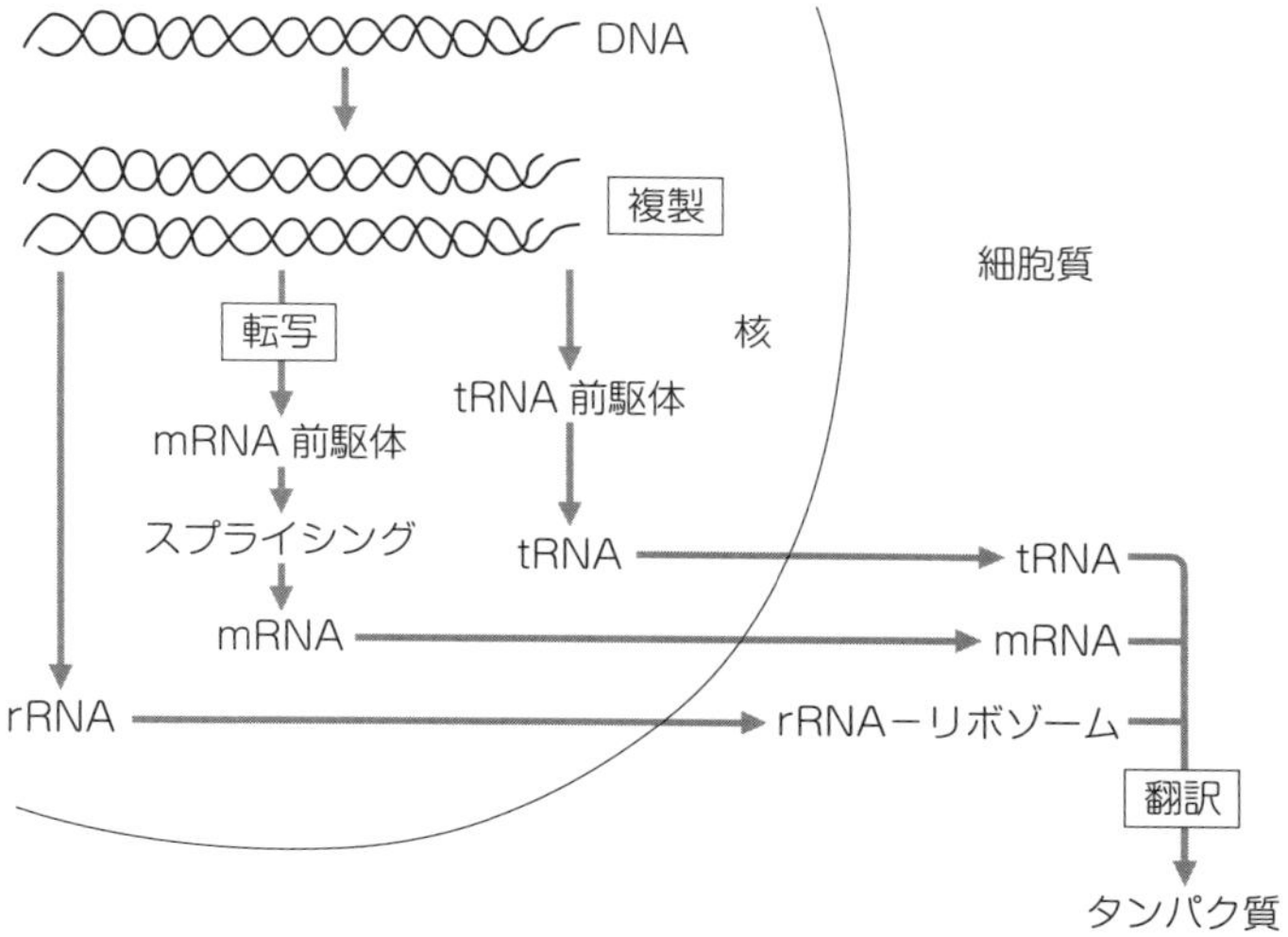

図 13　DNA の複製と DNA が転写・翻訳されてタンパク質がつくられるまで

DNA の複製は核内で行われます。一方、DNA から転移 RNA（tRNA）、メッセンジャー RNA（mRNA）、リボゾーム RNA（rRNA）がつくられます。

DNA が mRNA 前駆体へ写しとられる過程が転写で、mRNA 前駆体から必要でない部分を切り出すスプライシングが行われて、mRNA ができ上ります。多くの遺伝子ではその遺伝子に使われるエクソンと使われないエクソンを選択することによって（選択的スプライシング）、１つの遺伝子から目的に応じた別々の mRNA をつくりだして、別々のタンパク質をつくります。

tRNA、mRNA、rRNA は核から細胞質に出て、リボゾーム（タンパク質合成工場）で mRNA の情報にしたがって、tRNA の運んできたアミノ酸を順次つないで目的とするタンパク質を合成します。アミノ酸は 20 種類あるので（表 2）、それを運ぶ tRNA も 20 種類あります。図の左側の半円内が核の中で、その外（右側）は細胞質です。

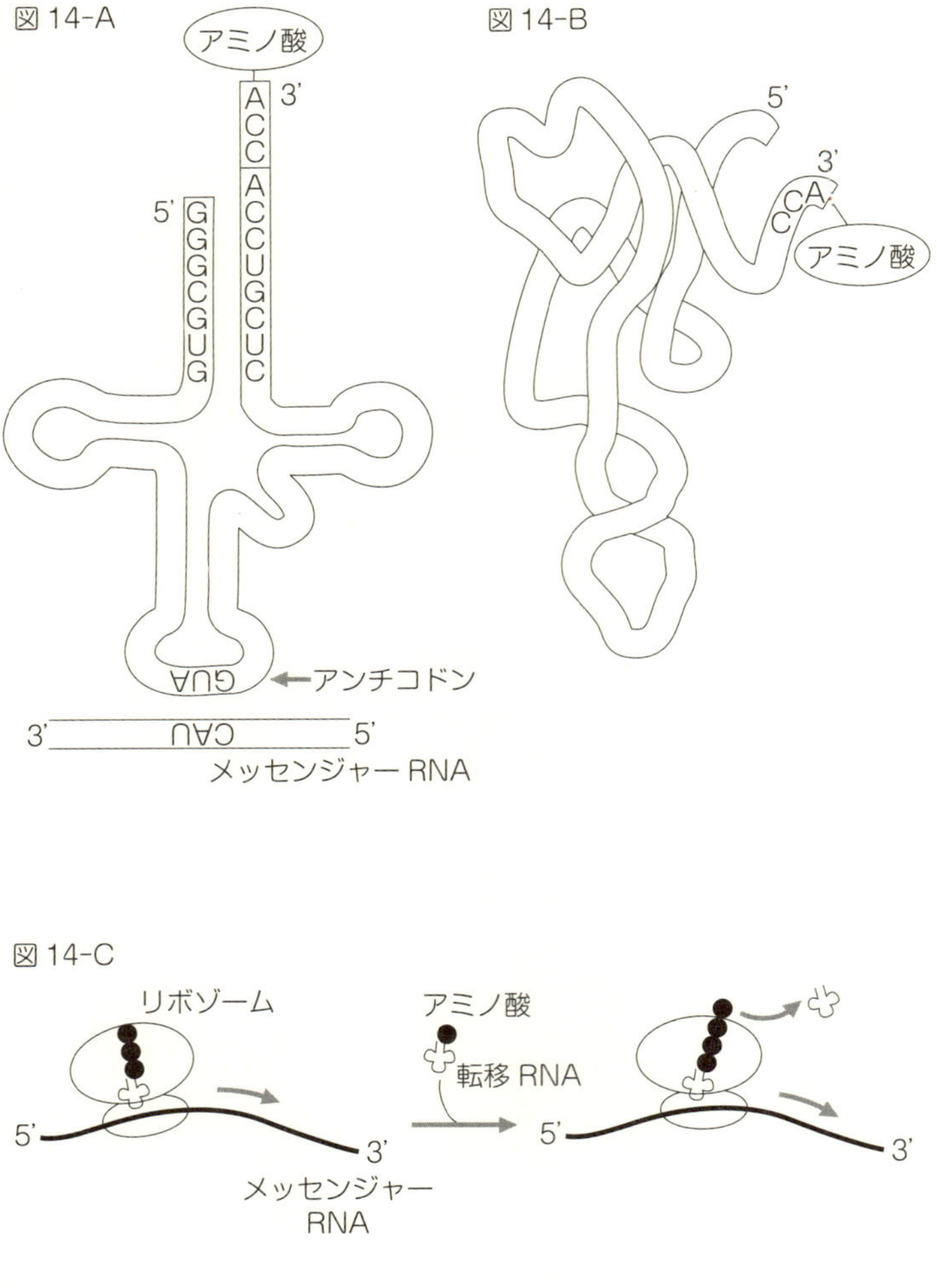
図 14-A
アミノ酸
3'
A
C
C
A
C
C
U
G
C
U
C
5'
G
G
G
C
G
U
G
GUA
アンチコドン
3'
CAU
5'
メッセンジャー RNA
図 14-B
5'
3'
CCA
アミノ酸
図 14-C
リボゾーム
アミノ酸
転移 RNA
5'
3'
メッセンジャー
RNA
5'
3'

図 14　翻訳の仕組み

図 14-A は転移 RNA の略図。この図は標準アミノ酸の一つヒスチジンを運ぶ転移 RNA です。転移 RNA は 70 ～ 90 塩基の大きさです。真ん中あたりにループがあって、ここにアンチコドンという連続した３塩基があります。図では GUA になっています。アンチコドンはメッセンジャー RNA のコドンと向かい合っています。アンチコドンはコドンと相補的であることを意味します。メッセンジャー RNA のコドンを 5' → 3' 方向に表示するために、塩基の文字は逆さまになっています。図の場合は CAU となっていて、これはヒスチジンに対応しています（表３参照）。この転移 RNA の 3' 末端にはアミノ酸のヒスチジンが結合していて（図中の「アミノ酸」）、ヒスチジンをメッセンジャー RNA に運んで来るのでループ部分にヒスチジンの標識（アンチコドン）を持っています。

図 14-B は転移 RNA の立体構造の略図です。立体的に見るとこんな形をしています。

図 14-C では本文に述べたリボゾーム（タンパク質合成工場）のメッセンジャー RNA ラインと部品納入業者の転移 RNA がタンパク質の部品のアミノ酸を搬入する様子を示しています。タンパク質合成工場のリボゾーム自体が翻訳マシーンとしてメッセンジャー RNA の上を 5' → 3' 方向に進んで行って、アミノ酸（図の●）を次々につなげてタンパク質を合成していきます。（図 14-B は参考書籍 10 を改変）

タンパク質の素材であるアミノ酸は、転移ＲＮＡ（トランスファーＲＮＡ、または運搬ＲＮＡ）によってリボゾームにもたらされます。転移ＲＮＡは低分子で（塩基の長さにして70～90塩基。塩基については図８参照）、末端にはアミノ酸が結合しています（図14）。特定のアミノ酸に対して特定の転移ＲＮＡが対応しています。ヒトのアミノ酸は20種類あるので（表２）、転移ＲＮＡも20種類あります。こうしてタンパク質工場のリボゾームでメッセンジャーＲＮＡの遺伝情報を元に転移ＲＮＡが運んできたアミノ酸を次々につないで、目的のタンパク質がつくられます。

表２　アミノ酸略号

アミノ酸 １文字略号	アミノ酸 ３文字略号	アミノ酸	必須アミノ酸
A	Ala	アラニン	
C	Cys	システイン	
D	Asp	アスパラギン酸	
E	Glu	グルタミン酸	
F	Phe	フェニルアラニン	必須アミノ酸
G	Gly	グリシン	
H	His	ヒスチジン	必須アミノ酸
I	Ile	イソロイシン	必須アミノ酸
K	Lys	リジン	必須アミノ酸
L	Leu	ロイシン	必須アミノ酸
M	Met	メチオニン	必須アミノ酸
N	Asn	アスパラギン	
P	Pro	プロリン	
Q	Gln	グルタミン	
R	Arg	アルギニン	
S	Ser	セリン	
T	Thr	スレオニン（トレオニン）	必須アミノ酸
V	Val	バリン	必須アミノ酸
W	Trp	トリプトファン	必須アミノ酸
Y	Tyr	チロシン	

表３に示すコドンによって決定されるアミノ酸の種類は 20 種類あり、上記のとおりです。ヒトでは、そのうち９種類が必須アミノ酸（体内でつくることができないので栄養として摂取するアミノ酸）です。

めんどうですが、ここまでで3種類のRNAが出てきました（メッセンジャーRNA、リボゾームRNA、転移RNA）。でも、この3種類のRNAを知っておけば、タンパク質合成過程におけるRNAの主な役割は理解できたことになります。

タンパク質合成工場のリボゾームでは、DNAを写しとったメッセンジャーRNAがタンパク質製造ラインになっています。自動車製造工場にちょっと似ています。タンパク質工場のリボゾームRNAに材料運搬業者である転移RNAが運んできたアミノ酸をラインの順番どおりに組み合わせて、新しいタンパク質をつくりあげるという工程です（図14C）。このシステムは誤ったアミノ酸が使われないように、校正機構も備えています。RNAにはこれら3種類のほかにもさまざまな種類があって、遺伝子発現の調節に関わっています。

このメッセンジャーRNAからタンパク質がつくられる過程を、「翻訳」と呼んでいます。「転写」はDNAからメッセンジャーRNAなので核酸→核酸という同質の流れですが、メッセンジャーRNAからタンパク質は別の種類の化学物質なので「翻訳」とされています。

したがってDNA→RNA→タンパク質という流れになり、これをセントラル・ドグマと呼んでいます。うまいネーミングだと思います。普通、セントラル・ドグマとそのまま呼ばれますが、あえて翻訳するなら中心教義です。これがタンパク質合成の主流というイメージです。ただ、すべてDNA→RNAの流れになるのではなく、レトロウイルスという、RNAからできているウイルス（エイズウイルスはその一例）ではゲノムはRNAで、これからDNAがつくられて、ヒトのゲノムに組み込まれるというように、RNA→DNAという逆の流れの場合もあります。

転写——メッセンジャーRNAの生成

転写は、DNAからRNAが写しとられる過程です。写しとられた一次転写産物のRNAからタンパク質をつくるのに不要な部分を切り出して（スプライシング、後で述べます）、必要な部分から成るメッセンジャーRNAがつくられます。

転写の場合は2本のDNA鎖の上に分子マシーン（転写ではRNAポリメラーゼ）が乗ったかたちで、2本のDNAのうちの1本の鋳型になる鎖をRNAに写しとっていきます（図12）。RNAへの転写はDNAの複製と違って、DNAの2本鎖のうちの1本だけをRNAへ転写します。転写されるDNAの鎖が鋳型鎖、もう一方は非鋳型鎖です（図7）。メッセンジャーRNAはDNAの鋳型鎖だけから転写されるので、1本鎖になります。

RNAの構造

リボ核酸（RNA）の構造について簡単にふれます。前述の「セントラル・ドグマ（DNA→RNA→タンパク質）」の項で、メッセンジャーRNA、リボゾームRNA、転移RNAの3種類が出てきましたが、それぞれ構造が違います（図14C）。ただ、基本の「塩基‐五炭糖‐リン酸」構造は同じです。

ＲＮＡの場合は五炭糖が、ＤＮＡの場合（デオキシリボース）と違ってリボースになっています。塩基はＤＮＡでは（アデニン Ａ、チミン Ｔ、グアニン Ｇ、シトシン Ｃ）でしたが、ＲＮＡの場合はチミン Ｔ がウラシル Ｕ になっています。ですからＲＮＡの塩基は、（アデニン Ａ、ウラシル Ｕ、グアニン Ｇ、シトシン Ｃ）です。

コドン表（遺伝暗号表）

さて、メッセンジャーＲＮＡの塩基３個のつながりで１つのアミノ酸が規定されていて、これをコドン（遺伝暗号、またはトリプレット）と呼んでいます（表３）。ＤＮＡからＲＮＡを介してアミノ酸がつくられますが、そのＲＮＡとアミノ酸を対比した表がコドン表（遺伝暗号表）です。Ａ、Ｕ、Ｇ、Ｃの４種類の塩基が使われていますから、塩基３個のコドンには４×４×４＝64種類の塩基配列があります（トリプレットとは３つのものが組になったものの意味です。塩基３個が一組で１つのアミノ酸を規定しているわけです）。

64種類のコドンですが、一部のコドンは同じアミノ酸をコード（暗号化）していますし、別の一部は翻訳を終了するサインである終止コドン（ストップコドン）をコードしているので、結局64種

表 3　コドン表（遺伝暗号表）

1文字目（5'側）	2文字目 U		2文字目 C		2文字目 A		2文字目 G		3文字目（3'側）
U	UUU	F	UCU	S	UAU	Y	UGU	C	U
	UUC		UCC		UAC		UGC		C
	UUA	L	UCA		UAA	終止	UGA	終止	A
	UUG		UCG		UAG	終止	UGG	W	G
C	CUU	L	CCU	P	CAU	H	CGU	R	U
	CUC		CCC		CAC		CGC		C
	CUA		CCA		CAA	Q	CGA		A
	CUG		CCG		CAG		CGG		G
A	AUU	I	ACU	T	AAU	N	AGU	S	U
	AUC		ACC		AAC		AGC		C
	AUA		ACA		AAA	K	AGA	R	A
	AUG	M	ACG		AAG		AGG		G
G	GUU	V	GCU	A	GAU	D	GGU	G	U
	GUC		GCC		GAC		GGC		C
	GUA		GCA		GAA	E	GGA		A
	GUG		GCG		GAG		GGG		G

メッセンジャー RNA の 3 つの塩基のつながり（コドンまたはトリプレットまたは遺伝暗号）は 1 つのアミノ酸の情報です。RNA ですから塩基は U、C、A、G の 4 種類です。3 文字の組み合わせなので全部で 64 種類の組み合わせがあります。アミノ酸の種類は 20 種類ですので、1 対 1 の対応ではなく、何種類かのコドンが 1 つのアミノ酸をコードしています。翻訳の終了情報になるコドンもあります（UAA、UAG、UGA）。

表中のコドンの UUU と UUC を見ると、その枠には F という記号が書かれています（表の左上）。F はアミノ酸の 1 文字略号でフェニルアラニンを意味します。つまり、コドン UUU か UUC はフェニルアラニンをコードしています。アミノ酸の略号は表 2 を参照してください。

類のコドンがコードしているアミノ酸の総数は20種類です。この20種類のアミノ酸を、標準アミノ酸と呼んでいます。

なお、ＲＮＡは基本的に１本鎖です。ＤＮＡのように２本鎖ではありません。ただ、転移ＲＮＡは部分的に折り返してＤＮＡとは違う、短い２本鎖構造も持っています（図14Ａ）。

エクソンとイントロン

遺伝子の役割はタンパク質をコードすることですが、ＤＮＡではタンパク質コード部分はいくつかに断続的に分かれていて、途中にはタンパク質に読まれない部分が入っています。コードしている部分をエクソン（またはエキソン）、コードしていない部分をイントロン（介在配列）と言います。

エクソン１個から成る遺伝子にはイントロンはありません。エクソンが複数個から成る場合は、エクソン１、エクソン２、エクソン３…となり、その間のイントロンを順番にイントロン１、イントロン２…と称します。遺伝子は１個の単純な遺伝情報のつながり（エクソン１個だけ）というタイプはまれで、ほとんどの遺伝子はエクソンとイントロンが交互に入り混じってつくられています。

１つのタンパク質遺伝子は、ヒトでは平均して約10個のエクソンから成っています。ヒトのエクソンの平均の長さは１４５塩基ですが（核酸は塩基の長さで、その大きさを表現できます）、イントロ

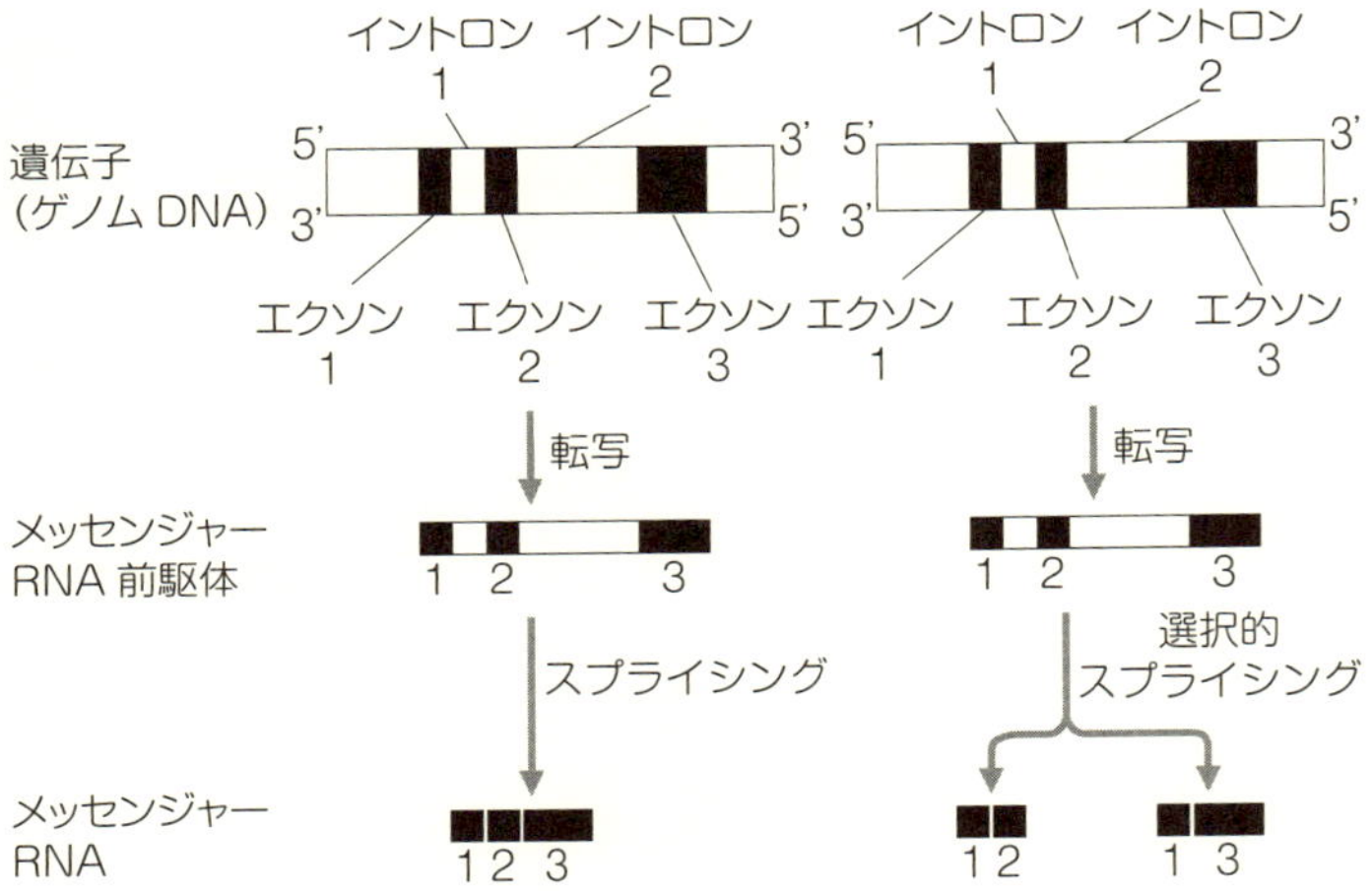

図 15　メッセンジャー RNA の生成

遺伝子（ゲノム DNA）は転写されてメッセンジャー RNA がつくられます。遺伝子は二重らせんですから、図ではメッセンジャー RNA の 2 倍の幅で描いてあります。非鋳型鎖（センス鎖、5' → 3' 方向）と鋳型鎖（アンチセンス鎖、3' → 5' 方向）からできていて、鋳型鎖を元にメッセンジャー RNA 前駆体がつくられます（図 7）。そこからイントロンが除かれて（スプライシング）、メッセンジャー RNA が完成します。すべてのエクソンから成るメッセンジャー RNA からつくられるタンパク質もありますし、一部のエクソンが選択されて（選択的スプライシング）つくられるタンパク質もあります。ここまでは核内で行われます。でき上ったメッセンジャー RNA は細胞質へ送られて、リボゾームで翻訳されてタンパク質が合成されます（図 13）。

ンの平均の長さは３３００塩基なので、メッセンジャーＲＮＡがつくられる過程で、ほとんどの部分はイントロンとして切り出されます。切り出し（スプライシング splicing）とは、「接合する、継ぐ」の意味です（図15）。大きな遺伝子としてはジストロフィンという筋肉関係の遺伝子があり、長いイントロンをたくさん持ち、遺伝子は２４０万塩基という巨大なもので、その転写には16時間もの時間を要すると推定されています。

選択的スプライシング

遺伝子はエクソンとイントロンが交互につながっています。どうしてこんな面倒なことになっているのでしょう？　それは、１つの遺伝子から複数種のメッセンジャーＲＮＡ、したがって複数種のタンパク質をつくるためです。その仕組みを選択的スプライシングと呼んでいます。ヒトの１倍体のゲノムのサイズは前述のように31億塩基対ですが、ある種の両生類や植物のゲノムはヒトのゲノムの数十倍も大きく、ヒトはそれに比べると小さなゲノムのサイズで多種類のタンパク質をつくっています。ヒトの遺伝子の数が約２万１０００個で、タンパク質の種類は10万種類ほどもあるので、効率よく多様なタンパク質をつくっていることになります。その仕組みが選択的スプライシングです。

1つの遺伝子のタンパク質コード部分がエクソン1、エクソン2、エクソン3……とイントロン1、イントロン2……から成る場合、あるタンパク質ではエクソン1、エクソン3、エクソン4……を使ってタンパク質がつくられ、別のタンパク質では、エクソン2、エクソン3、エクソン4……を使えば、同じ遺伝子から違うタンパク質がつくられることになります。これを選択的スプライシングと呼んでいます。この仕組みが、少数の遺伝子から多数のタンパク質をつくるのに役に立っています（図15）。この仕組みを用いて1つの遺伝子から1000種類ものタンパク質をつくる遺伝子もありますし、ヒトの遺伝子でも前述のように、まれにはイントロンを持たない遺伝子もあります。

翻訳――メッセンジャーRNAからタンパク質へ

転写ではDNAからRNAへ配列が写しとられます。このとき転写されたRNAからは、前述のように不要なイントロン部分が切り出されて（スプライシング）、メッセンジャーRNAがつくられます。メッセンジャーRNAは核内でつくられて核外（細胞質）に出ていきます（図13）。細胞質でメッセンジャーRNAはリボゾームと会合して（出会って一緒になって）、ここに転移RNAがタンパク質の材料であるアミノ酸を運んできます。

前述のようにアミノ酸は20種類あって、それぞれに対応する転移RNAがあるので、転移RNA

も20種類あります。メッセンジャーRNAの上をリボゾームRNAと関連タンパク質から成る分子マシーンが進んで行き、メッセンジャーRNAの３個ずつの塩基のつながり（コドン）に対応したアミノ酸を転移RNAが運んで来ると、タンパク質が合成されていきます（図14）。リボゾームが終止コドン（表３）に出会うと、翻訳が終わります。

ミトコンドリア

ここで、動物や植物の細胞質に存在するミトコンドリアについて簡単に述べます。核やミトコンドリアやリボゾームなどは、細胞内小器官と呼ばれます。細菌は細胞内小器官を持ちません。ついでに言えば、細菌（原核生物です）に対して、動物や植物を真核生物と呼んでいます。真核生物の細胞ではミトコンドリアは細胞あたり２０００個ほど含まれていて、細胞容積の約25％を占めています。ミトコンドリアはエネルギーの産生やさまざまな代謝に働くところから、生化学的発電所にたとえられます（図５）。

ミトコンドリアの起源は、生物進化の初期（15億年前）に原始的な真核生物に寄生した好気性細菌と考えられています（好気性細菌とは、空気中ないしは酸素の存在下で生育する細菌。この反対は嫌気性細菌です）。

ヒトのミトコンドリアは１万６５６９塩基対を持ち、13種類のタンパク質をコードしています。

ヒトの1倍体のゲノムの大きさは31億塩基対ですから、これに比べるとミトコンドリアゲノムのサイズはわずかなものにすぎません。けれども、ミトコンドリアは酸化的リン酸化という経路を使ってATP（エーティーピー、細胞の最も重要な化学エネルギー貯蔵分子）の大部分を産生するほか、ピルビン酸デヒドロゲナーゼ、TCA回路、脂肪酸のβ酸化、尿素回路の一部、呼吸鎖、ヘム生合成などの、きわめて重要な代謝機能を担当しています。

■第4章のまとめ

第1章では遺伝子の第1の役割である、親から子への遺伝情報を伝えることについて述べました。第2の役割は、タンパク質をつくる情報であることです。遺伝子の情報はDNA→RNA→タンパク質という流れで伝えられます。最初のステップであるDNAからメッセンジャーRNAがつくられる過程が転写です。メッセンジャーRNAはいわば、タンパク質という製品の製造ラインです。続いてメッセンジャーRNAからタンパク質がつくられるステップが翻訳です。メッセンジャーRNA製造ラインの上を、リボゾームRNAという工作機械が決まった方向に向かって、タンパク質という製品をつくるために、部品のアミノ酸を1個ずつ付け加えながら進んで行きます。アミノ酸は転移RNAによって運ばれて来ます。アミノ酸は20種類あり、1種類ずつのアミノ酸に対応したそれぞれの転移RNAが1個ずつ運んできます。

こうしてＤＮＡ→ＲＮＡ→タンパク質という流れで、目的のタンパク質がつくられます。タンパク質については次章で述べますが、体をつくり、エネルギー源の一つでもある生命の基本単位です。このように、遺伝子は親から子への情報伝達物質であるという側面と、タンパク質の設計図であるという側面の、２つの役割を持っています。

第5章　五大栄養素

●キーワード
五大栄養素、代謝、同化、異化、タンパク質、糖質（炭水化物）、脂肪、ミネラル（無機質）、ビタミン、桶の理論

今まで遺伝子の2つの役割について述べました。それは、①遺伝子は親から子へ遺伝情報を伝える遺伝物質である、②遺伝子はタンパク質を体内でつくるための情報である、の2つでした。これから2番目の役割について、ヒトの五大栄養素とヒトの代謝（自分の体をつくっていくとともに、栄養素の分解も行ってエネルギーを発生させる、同化と異化と呼ばれる生命活動）との関わりから見ていきましょう。

ここでの大きなテーマは、「遺伝子はわれわれの体をつくるための設計図」と言われるとともに、「遺伝子はタンパク質をつくる情報をコードしている」とも言われることのつながりです。この2

つの考え方をつなげると、「それでは自分の体をつくるタンパク質の情報だけがあって、外界から栄養を取り込むことができれば、ヒトはできあがるの？」という疑問が出てきます。結論から言うと、そのとおりです。遺伝子がコードしているタンパク質の情報と、生体の代謝の材料である五大栄養素と水があって、もちろん適切な外部環境が必要ですが、それらがあると、生物は生きていくことができます。

さて、体をつくり、維持するための必要な5つの栄養素が、五大栄養素です。それは、タンパク質、糖質（炭水化物）、脂肪、ミネラル（無機質）、ビタミンです。そのほかに不可欠な成分として水があります。ヒトは五大栄養素を摂取して自分の体をつくるとともに、生命活動のエネルギー源として利用しています。ちなみにエネルギー源として、これらの栄養素の摂取割合は糖質50〜55％、脂肪30％、タンパク質15〜20％が推奨されています。

タンパク質、糖質（炭水化物）、脂肪

それぞれの栄養素の代謝における機能について述べます。まず、タンパク質はアミノ酸の供給源であり、またエネルギー源です。生物は摂取したタンパク質を分解して、タンパク質の構成単位であるアミノ酸にして利用します。アミノ酸は自分で合成することができるものと、自分では合成できないので栄養として摂取する必要のあるものがあります（後述）。

ヒトのタンパク質の種類はおよそ10万種類程度ですが、役割によって7つに分類されます。酵素タンパク質、構造タンパク質、貯蔵タンパク質、輸送タンパク質、収縮タンパク質、防御タンパク質、調節タンパク質です。五大栄養素を取り込んで、同化と異化という代謝の過程が行われるとき（ヒトの体が維持され、成長するために五大栄養素が利用されるとき）酵素が必要ですが、酵素タンパク質の設計図はヒトの遺伝子にコードされています。酵素タンパク質には約２０００種類のタンパク質が含まれています（なお、カタカナでタンパク質と書くのは、漢字で書くときの「蛋白」という語の「蛋」が当用漢字に入っていないからです）。

タンパク質を構成するアミノ酸（標準アミノ酸）は、20種類あります（表2）。第4章のコドン表のところでふれましたが、３つの塩基で1つのアミノ酸が規定されていて、そのアミノ酸の種類が20種類です。遺伝子の情報はタンパク質をコードしていて、ヒトの遺伝子は2万１０００種類ですが、選択的スプライシングの仕組みを使うので、タンパク質は10万種類ほどあると推測されています。

標準アミノ酸以外にも、オルニチン（シジミに多いと言われているアミノ酸）、クレアチン、ガンマアミノ酪酸など、１００種類以上のアミノ酸があります。

アミノ酸が何個かつながったものをペプチドと言い、１００個以上のアミノ酸が直鎖状に（枝分かれしないで）つながったものがタンパク質です。タンパク質は、そのアミノ酸構造によって機能が決まります。ペプチドとタンパク質の大部分はセントラル・ドグマ（ＤＮＡ→ＲＮＡ→タンパク質）にしたがってアミノ酸から合成されます。

タンパク質の成分はアミノ酸ですが、体内でつくることのできないアミノ酸は必須アミノ酸と呼ばれます。必須アミノ酸には9種類あり、標準アミノ酸20種類の半数近くを占めています。必須アミノ酸は食餌から取り込まれなくてはなりません。必須アミノ酸はリジン、トリプトファン、フェニルアラニン、スレオニン（トレオニン）、メチオニン、ロイシン、イソロイシン、バリン、ヒスチジンの9種類です（表2）。

必須アミノ酸については、昔からの考え方で「桶の理論」というものがあります（今はあまり使われませんが、時代劇や西部劇に出てくる木の板でつくられた手桶をイメージしてください）。この桶の周り（側面）は9枚の立て板が取り囲んでできているとします（必須アミノ酸は9種類ですから）。この立て板の長さがバラバラだと、これに水を入れれば、当然ですが一番短い板のレベルまでしか、水が入りません。この板の1枚が1種類のアミノ酸とすれば、他のアミノ酸を過剰に摂取したとしても結局、一番少ないアミノ酸の量しか利用されないという理論です。

糖質はエネルギー源（このときの糖はブドウ糖＝グルコース）であり、貯蔵エネルギー（たとえばグリコーゲン）でもあり、骨や軟骨の成分として、体を支持する支持組織にもなっています。糖質は体内でつくられるので必須というわけではありません。糖質がつくられる過程でも、分解と合成にさまざまな酵素が働きます。

脂肪は最も重要なエネルギー源であり（タンパク質と糖質に比べて、脂肪では1gあたり得られるカロリーが2倍強です）、また、貯蔵エネルギーとなっています。ヒトが体内で合成できない必須脂肪酸であるアラキドン酸、リノール酸、リノレン酸は、食物から摂取しなければなりません。細胞内では、これら必須脂肪酸からプロスタグランジン、ロイコトリエンなどの情報伝達物質が合成されます。

次章ではタンパク質について、もう少し詳しく述べましょう。

第５章のまとめ

ヒトの体をつくり、維持し、子どもを生み育てることの基礎には遺伝子があります。遺伝子は親から子へ遺伝情報を伝える遺伝物質であるとともに、タンパク質を体内でつくるための情報です。タンパク質をつくるためには遺伝情報だけでなく、五大栄養素と水と適切な外部環境が必要です。五大栄養素はタンパク質、糖質（炭水化物）、脂肪、ミネラル（無機質）、ビタミンです。

生体内では同化と異化（自分の体をつくっていくとともに、栄養素の分解も行ってエネルギーを発生させる過程）を行うために、さまざまな物質がエネルギーを使ってつくられ、あるいは分解されています。一連の物質が利用され、合成、分解される過程を代謝経路と呼んでいます。糖代謝、タンパク質代謝、脂質代謝などがありますが、それらは互いに密接に関連しあっています。

糖質はエネルギー源（このときの糖はブドウ糖＝グルコース）であり、貯蔵エネルギー（たとえばグリコーゲン）でもあり、骨や軟骨の成分として、体を支持する支持組織にもなっています。

脂肪は最も重要なエネルギー源であり、貯蔵エネルギーとなっています。また、ヒトが体内で合成できない必須脂肪酸であるアラキドン酸、リノール酸、リノレン酸は、食物から摂取しなければなりません。細胞内では、これら必須脂肪酸からプロスタグランジン、ロイコトリエンなどの情報伝達物質が合成されます。

ヒトのタンパク質の種類はおよそ10万種類程度ですが、役割によって7つに分類されます。酵素タンパク質、構造タンパク質、貯蔵タンパク質、輸送タンパク質、収縮タンパク質、防御タンパク質、調節タンパク質です。タンパク質を構成するアミノ酸（標準アミノ酸）は20種類あります。RNAの3つの塩基で1つのアミノ酸が規定されていて、そのアミノ酸の種類が20種類です。

遺伝子の情報はタンパク質をコードしていて、ヒトの遺伝子は2万1000種類ですが、選択的スプライシングの仕組みを使うので、タンパク質は10万種類ほどあると推測されています。タンパク質の成分はアミノ酸です。標準アミノ酸の中で、体内でつくることのできないアミノ酸は、必須アミノ酸と呼ばれます。必須アミノ酸には9種類あり、必須アミノ酸に関する「桶の理論」はバランスの良いアミノ酸摂取が大切なことを示しています。

第6章　タンパク質

●キーワード
酵素タンパク質、構造タンパク質、貯蔵タンパク質、輸送タンパク質、収縮タンパク質、防御タンパク質、調節タンパク質

酵素タンパク質

酵素はいわば、体の中にある触媒（それ自身は変化しないけれど、化学反応の前後で反応の速度を変化させる物質）です。酵素が体をつくるのに不可欠な理由は何でしょう？　それは、反応速度の早め方が半端ではないからです。

一例をあげると、体内には酸素から生じる活性酸素という毒性物質があります。この毒性から体を保護するカタラーゼという酵素があり、カタラーゼの存在下では、ない場合に比べて、13億倍も

の反応速度で活性酸素が処理されます。これは著しい例ですが、一般に酵素は、反応速度を100万倍早めるとされています（参考書籍2）。

このように、酵素作用は代謝系にとってきわめて大切ですが、なぜ酵素はタンパク質なのでしょう？　脂質や糖質ではいけないのでしょうか？　その理由としては、次のようなことが考えられます。

①タンパク質は立体構造をとるので、その立体構造の中に酵素が作用するさまざまな物質（基質と言っています）と結合することができる部位をつくることができます。たとえば、親水性（水に溶けやすい性質）部位や疎水性（水に溶けにくい）部位を、一緒に同じタンパク質の上につくることも可能です。

②酵素タンパク質によっては亜鉛、鉄などの金属イオンやビタミンなどを取り込んだ構造になっています。そのため、基質特異性（酵素が作用するターゲットである基質を厳密に選択すること）が高まるし、単純なタンパク質だけではできない作用も可能になります。

③タンパク質情報はDNAとして扱うことができるので（セントラル・ドグマがありますから）、細胞が壊れても、次の細胞が新生するときに同じ情報を伝えることができます。たとえば、皮膚細胞は28日周期で新しい細胞ができて、次第に皮膚表面に移動して角質層となって、やがて垢《あか》として脱落していきますが、このように個々の細胞が入れ替わっても、皮膚細胞は体表を守

るという同じ性質を保っています。

④遺伝子（DNA）の変異によってタンパク質の変異が起こり、変異の種類が生物にとって有益なものであれば、その変異は保存されるというふうにして生物は進化してきました。そのような変異を起こすシステムとして、DNA→RNA→タンパク質という流れは使いやすいシステムなのでしょう。

生体内では同化と異化を行うために、さまざまな物質がエネルギーを使ってつくられ、あるいは分解されています。一連の物質が利用され、合成される過程を代謝経路と呼んでいます。糖代謝、タンパク質代謝、脂質代謝などがありますが、それらは互いに密接に関連しあっています。

以下、代謝経路について説明しますが、出てくる代謝経路の名前はぜんぜん気にしなくてかまいません。いろいろな代謝回路や物質があるということだけを知っておいていただけたら十分です。そして代謝経路には、さまざまな酵素が働いています。

たとえばブドウ糖から最終的にエネルギー源であるATPをつくる経路は、解糖系→TCA（ティーシーエー）回路→電子伝達系（呼吸鎖）と進みますが、TCA回路は他の代謝経路である尿素回路や脂肪酸代謝経路と関連しています。他の代謝経路でつくられた、経路の中間に存在する物質（中間代謝産物）が複数の代謝経路のあいだでやりとりされます。TCA回路はTCAサイクルとも、あるいは、クエン酸回路、ピルビン酸回路、クレブス回路などとも呼ばれます。生化学用語の中でも、別名の多い用語です。

酵素の例として、アルコール（エタノール）を分解する酵素について述べましょう。エタノールは、主に肝臓で代謝されます。エタノールは肝臓にあるアルコール脱水素酵素という酵素によってアセトアルデヒドになります。アセトアルデヒドは細胞毒性が強いので、次のステップとして、アルデヒド脱水素酵素という酵素によって酢酸になります（物質名に傍線を、酵素名に傍点をつけました）。

この酵素（アルデヒド脱水素酵素）は、日本人の半数では活性が低いです。活性の低いヒトでは、お酒を飲むと真っ赤になったり、無理して飲み続けていると食道がんになる危険性が増えます。無理はしない方がよさそうですね。もっとも、活性が低いヒトはアルコールを大量に飲むことができないので、アルコール中毒にはなりにくいとされています。

アルデヒド脱水素酵素活性が低いとはどういうことか、少し説明します。この酵素の遺伝子の487番目の塩基配列は個人によって、グアニン（G）の場合とアデニン（A）の場合があります。そのため487番から489番までの3つの塩基（コドン）は、GAAかAAAです。GAAのつくるアミノ酸はグルタミン酸で、AAAはリジンです。前者のアミノ酸を持つアルデヒド脱水素酵素は活性を持ち、後者のアミノ酸を持つアルデヒド脱水素酵素は活性がありません。つまり、後者ではアルデヒドを分解できないので、この型を持つヒトはお酒を飲むと真っ赤になります。

ついでに言うと、個体のあいだのこのような1塩基だけの違いをSNP（スニップ、一塩基多型。

SNP＝single nucleotide polymorphism、複数形はSNPs スニップス）と呼んでいます。病気やヒトのさまざまな特性や性質の違いとSNPの関連が、たくさん調べられています。スニップスについてはのちほど、遺伝子をめぐるトピックスの章でも出てきます。

構造タンパク質

構造タンパク質の代表例はコラーゲンです。サプリの成分としてよく聞く名前です。コラーゲンは細胞と細胞のあいだをうずめる成分で、骨や軟骨やじん帯などではとくに丈夫な細胞外構造をつくっています。コラーゲンは動物のタンパク質の中でも最も量が多く、総タンパク質の25％を占めていて、組織に強度を与えています。

貯蔵タンパク質

貯蔵タンパク質とは、金属イオンやアミノ酸をそのタンパク分子内に貯蔵するものを言います。金属イオンの貯蔵タンパク質の例はフェリチンです。フェリチンは鉄を含むタンパク質で、体内の鉄の量を調節しています。アミノ酸を貯蔵するタンパク質にはカゼインと卵白アルブミンがあり、胎児の発育に使われます。

輸送タンパク質

輸送タンパク質の一例としてヘモグロビンについて述べます。ヘモグロビンは赤血球に含まれる主要なタンパク質で、鉄イオンを持っていて、酸素の運搬を行っています。赤血球の体積は血液100ccのおよそ4割（40cc）を占めますが、その中には14～16gという大量のヘモグロビンが含まれています。

陸上競技の選手が高地トレーニングを行うのは、高地では酸素が薄いので酸素をたくさん体内に取り込むために赤血球がたくさんつくられ、平地に戻ったときに酸素供給が豊富になることを目指します。結果、成績が向上するわけです。ただし、赤血球の寿命は半減期（半分の赤血球が新しい赤血球に入れ替わる時間）が120日と長いので、高地トレーニングの効果が出るには時間がかかります。それで、時に、赤血球を増やすために、ドーピングという薬に頼った不正が起こります。

収縮タンパク質

収縮タンパク質の代表は、筋肉タンパク質のアクチンとミオシンです。骨格筋は束になった筋線維からできています。それぞれの筋線維は1つずつが大きな細胞で、アクチンとミオシンの束を持っています。細いアクチン線維が太いミオシン線維のあいだに滑り込んで、筋肉が収縮します。

防御タンパク質

防御タンパク質の代表は、免疫グロブリンです。免疫グロブリンは細菌やウイルスに対するヒトの抵抗力となるタンパク質です。白血球の一種であるＢリンパ球などがつくります。免疫グロブリンには大きく分けてＩｇＭ（アイジーエム）、ＩｇＧ、ＩｇＥなど5種類があります。このＩｇＭ、ＩｇＧ、ＩｇＥなどを、免疫グロブリンのクラスと言っています。

免疫グロブリンは抗体とも言われます。抗体に対して、細菌やウイルスなどの有害物質を抗原と呼んでいます。抗原が体内に入ると、ヒトは抗体をつくります。一口に細菌やウイルスと言いましたが、実際は一種類の細菌でもウイルスでも、たくさんの抗原を持っています。それらの病原体がヒトの体内に入ると、それぞれの抗原に対する抗体がつくられます。

たとえば毎年冬になると、インフルエンザの予防注射をすることが勧められています。予防注射で使われるワクチンは、その年の冬に流行が予想される株が選ばれます。インフルエンザウイルスにはＡ型、Ｂ型、Ｃ型がありますが、Ｃ型は病原性が低いので問題にされません。Ａ型ではＡソ連型とＡ香港型の2つの亜型がとくに問題になります。亜型の下の分類は株で、分離された地域の名前で呼ばれます。Ｂ型では亜型を飛ばして、株の名前で呼ばれます。

インフルエンザ予防接種は、平成26年度（2014／2015冬シーズン）までは、その冬の流行予測に基づいてA型2種類＋B型1種類の計3種類の株からつくったワクチンが用いられました。平成27年度からは、世界保健機関（WHO）の勧告にしたがって、A型2種類＋B型2種類の計4種類の株からワクチンがつくられるようになりました。

平成29年度（2017／2018冬シーズン）に流行が予想された株は、Aソ連型シンガポール株とA香港型香港株とB型プーケット株とB型テキサス株の4種類でした。そこでこの4種類に対するワクチンがつくられ接種されました。前年度（平成28年度）のワクチンは、Aソ連型がカリフォルニア株である以外は平成29年度と同じ株でした。

今年と前年のシーズンでは、それぞれの株が持っている抗原が異なるので、毎年インフルエンザ予防注射をすることになります。また、インフルエンザ抗体の持続期間は5か月と短いので、これも毎年注射しないといけない理由です。

ワクチンとして注射しているのは、インフルエンザウイルスの構造の一部で、ヘムアグルチニンという部分です（ヘムは血液のことで、アグルチニンは凝固させる物質の意味です）。これが抗原です。ワクチンは上記の4種類のインフルエンザ株をそれぞれ個別に鶏卵で培養し、ウイルス粒子を分解・不活化して得た4種類のヘムアグルチニンを混合してつくります。

インフルエンザワクチンの接種を受けたヒトは、抗体をつくります。注射するのは不活化したヘムアグルチニンだけなので、抗体はつくられても、インフルエンザウイルスとしての毒性や感染力はありません。こうしてヒトに害を及ぼすことなく、抵抗力である抗体をつくらせることができます。インフルエンザワクチンの接種を受けたヒトでは、初めの１週間ほどでＩｇＭクラスのインフルエンザ抗体がつくられ、注射して２~３週間ほどで、より効果の大きいＩｇＧクラスのインフルエンザ抗体がつくられます。

インフルエンザウイルスだけでも、株によってつくられる抗体は違います。株によって異なった抗原を持っているからです。このように同じウイルスであっても、さまざまな抗原性があります。

ヒトのかぜの多くはウイルスによって起こります。インフルエンザは冬のかぜの代表ですが、夏には夏かぜがあり、コクサッキーウイルス、エンテロウイルス、アデノウイルスなどがあり、ヒトのかぜウイルスは２００種類もあると言われています。２００種類にまんべんなくかかるわけではなく、ヒトがよくかかるウイルスとそうでもないウイルスがあります。ヒトはウイルスや細菌のほかにも、いろんな体外からの異物に対して抗体をつくるので、１００万種類もの抗体をつくることができるとも言われています。

このように著しく多様な種類の抗体をつくることができるように、生体にはきわめて精緻な仕組みが備わっています。抗体以外のタンパク質では、それぞれ微妙に異なる多種類のタンパク質をつくる仕組みは知られていません。この仕組みの研究で、利根川進博士が１９８７年、ノーベル生理学・医学賞を受賞しました。

抗体をはじめとするヒトの身体の防御システムである免疫の研究では、日本人研究者は大きく貢献していて、ＩｇＥ免疫グロブリンがアレルギー反応の主役であることを明らかにしたのも石坂公成・照子夫妻です。石坂夫妻の下で、次の世代の研究者たちが輩出しました。

一方、アレルギー反応も抗原によって起こります。アレルギー反応は免疫系の反応の一つで、白血球のうちのリンパ球や好酸球、好塩基球などが作動するのですが、ヒトや動物にとって不都合な反応です。ある人にとっては全く無害な抗原が、別の人にとってはアレルギーを引き起こします。じんましんを起こしたり、喘息を起こすこともあります。

食物アレルギーの場合、食物が抗原となってＩｇＥをつくります。食物アレルギーの原因として代表的なものには、卵、牛乳、大豆、コメ、小麦、ピーナッツ、エビ、カニなどがあります。また、吸入することでアレルギーを起こす吸入抗原（ハウスダスト、ダニ、スギ、ヒノキ、ブタクサ、イヌの毛、ネコの毛など）もあります。

ＩｇＥはアレルギーを起こすので、防御タンパク質と分類するのはおかしい気もしますが、免疫グロブリンの一つではあるわけです。アレルギーの原因となる物質は、臨床の現場で簡単に検査できるものだけでも、手元の臨床検査センターのカタログによれば、食物抗原や吸入抗原など１８２もの項目があります。けれども、これらの検査は専門の医師によって必要性を検討したうえで行われて、臨床症状と合わせて解釈・説明されなくてはなりません。

調節タンパク質

調節タンパク質には、転写因子やホルモン作用を持つタンパク質とその受容体（レセプター）があります。転写因子は遺伝子ＤＮＡの転写を制御する領域に結合して、転写を促進したり、逆に抑制するタンパク質です。ヒトでは２６００種ほどもあるとされています。

ホルモン作用を持つタンパク質の例は成長ホルモンで、その受容体である成長ホルモンレセプターもタンパク質です。成長ホルモンはレセプターに結合することで、糖、タンパク質、脂質の代謝を促進する一連の細胞内の反応を開始させ、骨や筋肉を成長させます。

第6章のまとめ

この章では、前章でふれた7種類のタンパク質のそれぞれについて述べました。酵素タンパク質と防御タンパク質については少し詳しく解説しました。

酵素タンパク質は体の中にある触媒（それ自身は変化せず、化学反応の速度を変化させる物質）です。反応速度の早め方は著しく、生体の代謝に不可欠です。酵素の一例として、アルコールを分解する酵素があります。この酵素（アルデヒド脱水素酵素）の遺伝子の塩基配列が1塩基違うだけで（４８

7番目の塩基がグアニンかアデニンかというだけで)、お酒に強いか弱いかが決まります。

防御タンパク質の代表は免疫グロブリンです。免疫グロブリンはヒトをさまざまなウイルスや細菌から守っています。たとえばインフルエンザワクチンの注射を受けると、ヒトはインフルエンザウイルスに対する免疫グロブリンをつくり(このような場合を抗体と呼んでいます)、体をインフルエンザウイルスの感染や重症化から守ります。

第7章　遺伝子解析の限界

●キーワード
遺伝子異常、遺伝子－環境相互作用、細胞分裂回数、多因子遺伝、量的形質遺伝子座（QTL）仮説

遺伝子は、今まで述べてきたようにタンパク質の設計図であるとともに、親から子への遺伝情報を伝える物質でもあります。とはいえ、遺伝子だけですべてが決まるわけではありません。この章では、その点について述べたいと思います。以下、4つの視点を紹介します。

1つの遺伝子に異常があるときでも、異常の場所は個人によって異なることがある

以下の話では、「異常」という言葉を使っています。ただし、「異常」という言葉が常に適切であ

るとは限りません。遺伝子の変化が原因で病気が起きれば、その変化は「異常」になりますが、病気でない場合は他の遺伝子型と比べて頻度が少し少ない「変異」あるいは「多型」、あるいは世間で言う多様性でよさそうです。ですが、「異常」という言葉を避けるとわかりにくくなるので、一応、そのまま使うことにします。

遺伝子の異常の例として、病気を考えてみます。病気には遺伝子と関係の深い病気もありますし、あまり関係のない病気（たとえば中毒）もあります。遺伝子と関係の深い病気については、①1つの遺伝子だけに異常があって病気が起きる場合（生まれつき特定の遺伝子に異常があって、その遺伝子のつくるタンパク質の質的または量的異常で病気になる）、②10個程度の遺伝子に異常があって発病する場合、③数百個、数千個というようなきわめて多数の遺伝子が関わる場合が考えられます。それぞれの具体例としては、①先天代謝異常疾患、②がん、③高血圧があります。

①の先天代謝異常の例としては、フェニルケトン尿症という病気があります[7、8]。これは必須アミノ酸であるフェニルアラニンから非必須アミノ酸であるチロシンがつくられる過程に必要な、特定の酵素が生まれつき欠けているために起きる病気です。症状として中枢神経障害が起こります。この酵素が欠けていることをスクリーニングで見つけ出して（日本で生まれた赤ちゃんはおよそ生後5日目ごろ、全員この検査を受けます）、厳密な食事療法を続ければ、酵素を欠損していても発病を阻止することができます。スクリーニングとは、「選び出す」の意味です。

フェニルケトン尿症は、特定の酵素の遺伝子に異常があって発病します。一遺伝子異常で起きる疾患です。この酵素のエクソン上の遺伝子変異は５６７種類も知られています。[7] 同じ遺伝子の上でも変異の場所が異なるために、こんなにたくさんあるわけです。異常の種類によって症状や重症度が変わる可能性は十分考えられます。したがって、異常のある遺伝子を決めるだけでは不十分で、その遺伝子上の変異の種類と場所を決めなくてはなりません。

遺伝子異常にはスニップス（ＳＮＰｓ、一塩基多型）以外にも、いくつか変異のパターンがある

スニップス（ＳＮＰｓ、一塩基多型）が説明しやすい変異なので、スニップス中心の話になってしまいやすいのですが、遺伝子の変異にはそれ以外にも、コピー数多型、マイクロサテライト、ミニサテライト、ＤＮＡの挿入や欠失などの種類があり、遺伝子異常の解析ではこれらも考慮する必要があります。

遺伝子だけですべての特性・性質が決まるわけではない

ヒトの特性・性質を決める、もう一つの大きな要素は環境の影響です。拙著[8]でも論じたことですが、たとえばヒトの性格の場合、50％は遺伝で、残りの50％は環境で決まるとされています。この

点について詳細な研究を展開したのが、ミネソタ大学やロンドン大学の双生児研究です。[9]

研究者たちは性格の遺伝性を調べるために、一卵性双生児で一緒に育った人たち、一卵性双生児で別々に育った人たち、二卵性双生児で一緒に育った人たち、二卵性双生児で別々に育った人たちという4つのグループに協力してもらって、長期にわたる息の長い研究を続けました。その結果、性格の遺伝性はおよそ50％と考えられています。昔から言われる「生まれか育ちか（nature or nurture）」という問いの答えは、「生まれも育ちも」ということになります。

環境要素としては家庭、学校、職場のような身の回りの環境のほか、運動、食事、教育ないし知的刺激の影響が大きいです。性格だけでなく、病気についても、遺伝子の影響が大きい病気（たとえばフェニルケトン尿症）から環境の影響が大きい病気（公害病や中毒）まで、広い幅があります。

ヒトの特性（身長、体重、性格、知能など）や病気はすべて遺伝子、環境およびその相互作用（遺伝子‐環境相互作用）で決まるわけではなく、病気の中でも「がん」についてはもう一つ要素があって、それは細胞分裂の回数であるという考え方が注目されています。[10〜12]細胞分裂の多い組織、たとえば腸管上皮細胞（大腸や小腸の内部表面。消化される食物が通過する側の面の細胞）や皮膚細胞は、一定の周期で細胞が入れ替わります。その周期は腸管上皮細胞は数日で、皮膚細胞は28日間です。

細胞の入れ替わりでは幼若な幹細胞が細胞分裂して、細胞の成熟が進行し、新しい細胞が供給されます。細胞分裂ではＤＮＡの複製が行われますが、複製の際にミスが生じます。ミスを修復するシステムはいくつか備わっていますが、完璧ではありません。このミスが、がん関連遺伝子や細胞増殖遺伝子など重要な遺伝子に生じて、ミスが何個か生じるとがんが発生します。そうすると細胞分裂回数の多い組織は、発がんのリスクが高いことになります。したがって、発がんの場合は遺伝子と環境と細胞分裂回数の３つの要素を考える必要があります。もちろん、この三者には相互作用があります。

多因子遺伝とは

ここでお話しするのは、ヒトの多くの特性は、きわめて多数の遺伝子が関わることが多いことです。高血圧、糖尿病、性格、身長、身体能力や知能もそうでしょう[9、13]。背の高い両親の子どもは背が高いことが多く、身長は80～90％、遺伝で決まるとされていますが、関係する遺伝子は数千個もあります[8]。このような多数の遺伝子が関わる遺伝を、多因子遺伝と呼んでいます。

このパターンはさまざまな特性において認められ、量的形質遺伝子座（Quantitative Trait Loci：ＱＴＬ）仮説と呼ばれています[9]。この仮説は、「ヒトのありふれた特質は多数の遺伝子と多数の環境要因の影響を受けるが、１つ１つの効果はわずかである」というものです。このことも、遺伝子は重要な要素ではあるものの、広い視野の中で考察しなければならないことを示唆しています。

今後、多数の遺伝子や環境要因を含めて、ＡＩ（人工知能）を用いたディープ・ラーニングとか、イン・シリコによって（コンピュータ上でさまざまな事象をモデル化して扱うことをイン・シリコ＝in silico と呼んでいます。silico はシリコン＝ケイ素で、コンピュータの半導体にシリコンが使われていることに由来します）、ヒトの特性を調べることが可能になるかもしれません。

■第7章のまとめ

遺伝子はタンパク質、ひいては生命の設計図であるとはいうものの、遺伝子を調べれば、ある生物が、あるいは、あるヒトが現在の状態であることをすべて説明することができるわけではありません。病気について考えるとわかりやすいのですが、1つの遺伝子の異常によって、ある病気が起きるときでも、その遺伝子の異常の場所や異常のパターンはさまざまです。そうすると、その病気の症状や重症度が違うことも考えられます。

さらに、ヒトの特性・性質は環境によって大きな影響を受けます。また、遺伝子と環境は相互に作用していると考えられています。ある遺伝子のパターンを持っていれば環境の影響を受けやすかったり、逆に受けにくかったりするのもその一例です。それから、身長や高血圧のように遺伝的影響を受けやすい特性・性質であっても、影響を及ぼす遺伝子の種類が数百、数千種類もある場合もあり、このような多因子遺伝の解析は、遺伝子解析の大きな課題にもなっています。

第8章　遺伝子をめぐるトピックス

●キーワード
クローン動物、iPS細胞（人工多能性幹細胞）、幹細胞、次世代シーケンサー（シークエンサー）、オーダーメード医療（個別化医療、プレシジョン・メディシン）、全ゲノム塩基配列解析（WGS）、ゲノムワイド関連解析（GWAS）、エクソーム解析（WES）、ヒトゲノム計画、がん関連遺伝子、DTC遺伝学的検査、遺伝子編集（ゲノム編集）

羊のドリー

この章ではニュースに出てきた、さまざまな新しい話題について述べていきたいと思います。1997年2月、お母さん羊と全く同じ遺伝子を持つ羊が人工的につくられたことが報じられ、世界中で一大センセーションを巻き起こしました。この羊が生まれたのは1996年7月5日、イギリ

まずメスの羊Ａ（フィンドーセット種の羊）から乳腺細胞を採取します（体の他の部分の細胞でもＯＫ）。この細胞から核を取り出します。次に別のメスの羊Ｂ（スコティッシュブラックフェイス種）の卵巣から卵細胞をとってきて、卵細胞の核を除去します。この核のない卵細胞に羊Ａの乳腺細胞からとった核（全遺伝情報＝ゲノムが入っています）を入れます。そして代理母役の別のメス（スコティッシュブラックフェイス種）の羊Ｃの子宮に、Ａの核の入ったＢの卵細胞を入れます。そうするとドリーの持つ遺伝情報は、遺伝的母親役の羊Ａの持つ遺伝情報と同じものになります（羊Ａの乳腺細胞の核＋羊Ｂの卵細胞の細胞質＋羊Ｃの子宮環境という組み合わせになります）。（図は文献 17 を一部改変）

スのエジンバラ大学ロスリン研究所においてでした。羊はドリーと名づけられました。どうやって、この羊はつくられたのでしょう[14~17]？

ある動物（この場合は羊）と全く同じ遺伝子を持つ同じ種類の動物（羊）の関係を、クローンと呼んでいます。（クローン同士の遺伝子は全く同じと言えるかどうか、厳密には問題がありますが、ここでは論じません。）ヒトのクローンの代表例は、一卵性双生児です。でも、ドリーの場合は、きょうだいではなくて、お母さん羊とのクローンです。

ドリーが生まれたのは偶然のたまものでした。ロスリン研究所の研究者が、羊の胎児の細胞からクローン動物をつくろうとしていて、その比較対照のために、おとなの羊の体細胞（この場合は乳腺の細胞）を用いて、おとなの細胞からはクローン動物はできないだろうと考えて、胎児細胞と同じクローン作製技術を行ったところ、クローン動物が生まれたのです（胎児細胞からクローン動物を作製する方法は、以前から確立されていました）。

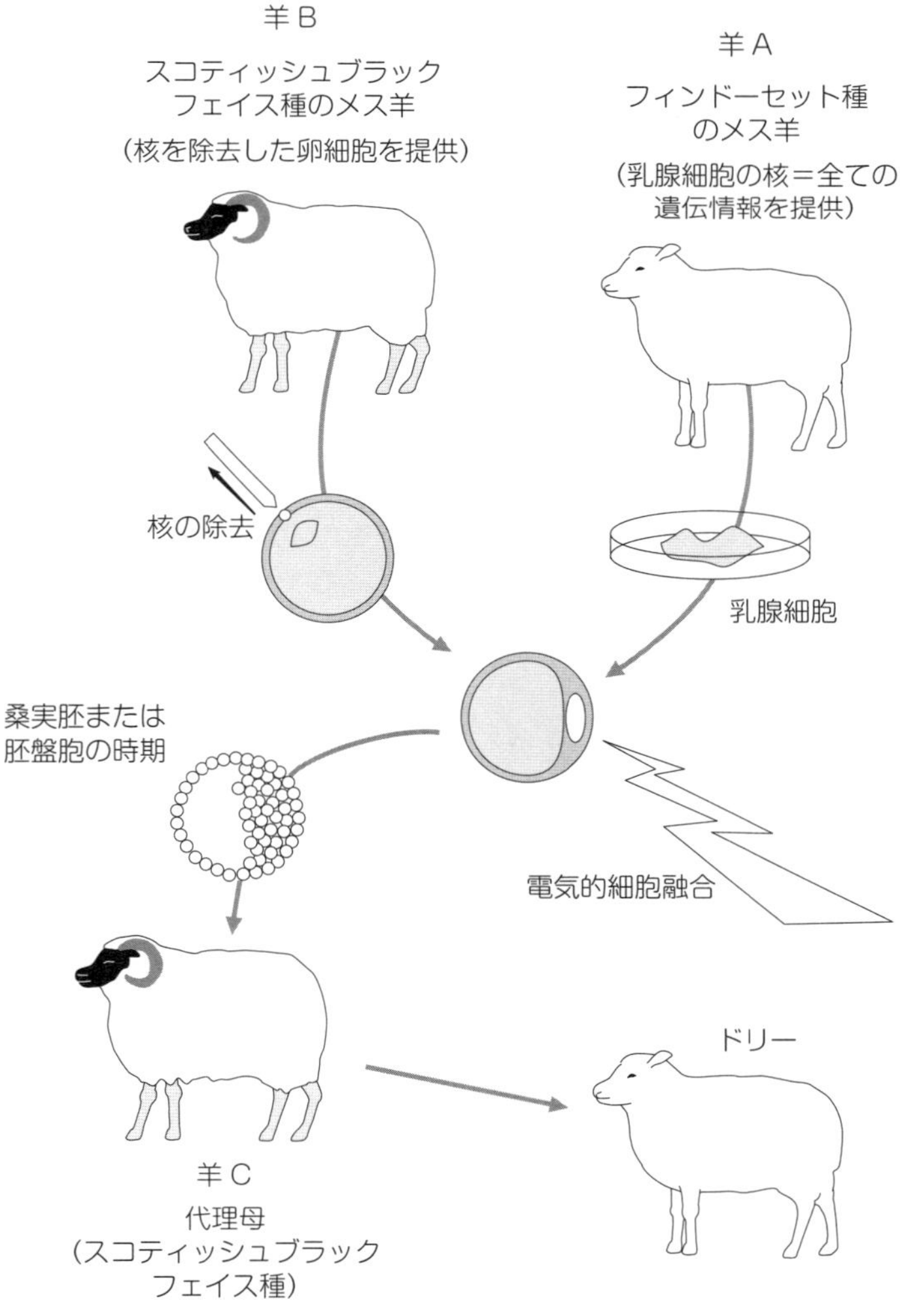

図16　クローン羊ドリーのつくり方

手順を簡単に述べると、まずメスの羊Aから乳腺細胞を採取します（体の他の部分の細胞でもOK）。この細胞から核を取り出します。次に別のメスの羊Bの卵巣から卵細胞をとってきて、卵細胞の核を除去します。この核のない卵細胞に羊Aの乳腺細胞からとった核（全遺伝情報＝ゲノムが入っています）を入れます。そして代理母役の別のメスの羊Cの子宮に、Aの核の入ったBの卵細胞を入れます。そうするとドリーの持つ遺伝情報は、遺伝的母親役の羊Aの持つ遺伝情報と同じものになります（羊Aの乳腺細胞の核＋羊Bの卵細胞の細胞質＋羊Cの子宮環境という組み合わせになります）（図16）。

こんな手順になるのは、メスの羊Aから卵細胞ではなく体細胞をとってきて、体細胞核由来のクローンをつくるためです。なお、体細胞の核の遺伝情報は体細胞由来なので、メスの羊Aの54本全部の染色体（2倍体）に由来しています（野生ではない家畜の羊の染色体数は54本です）。

ドリーは世界中で一番有名な羊になりましたが、関節炎を患い、やがて、ずっと室内で飼育された影響で肺炎になり、6歳半で安楽死させられました。羊は11〜12年生きるので、それに比べると生存期間が短かったところから、クローン技術のための短命ではないかと問題になりました。そこで、ドリーがつくられたのと全く同じ、羊Aの核の入った羊Bの卵細胞から4頭の羊がつくられました。この羊たちは7歳になっても皆健康で、心疾患も糖尿病も関節炎もなく、クローン動物が短命になるという可能性は否定的です。ドリーが短命だったのは、関節炎、肺炎のためと考えられています。

クローン技術をヒトに応用することは、現在では不適切とされています。あるヒトと遺伝的に全く同じヒトをつくるということは倫理的に許されませんが、クローン技術は注目を集めた話題だったので、シュワルツェネッガー主演の映画『シックス・デイ』（2000年）やマンガの『ゴルゴ13』（第472話「百人の毛沢東」2001年）にとりあげられたりしています。

クローン動物をつくることは産業としては可能性がありますが、欧州議会は2015年に肉用の家畜をクローン技術でつくることを禁止しました。一方、米国政府は2008年に、ウシ、ヤギ、ブタについてはクローン動物と通常の動物のあいだに違いはないとして、これらの動物では肉用でなく繁殖用であれば、クローン技術を許可すると決定しています。また、中国の企業には、技術面と市場面から実現可能になれば、肉牛をクローン技術によって生産する計画を持っているところもあります。このほかに、絶滅が危惧されている動物の保存のためのクローン技術の応用も考えられていますが、すでに絶滅している動物についてはこの方法は使えません。

このような、成獣の体細胞を用いてクローン動物をつくる方法は技術的に難しく、ドリーが生まれた時期のロスリン研究所の報告でも、流産、死産、新生児期の死亡が多いことが述べられています。

2006年には、次項で述べる山中伸弥先生たちがiPS細胞（人工多能性幹細胞）という、幹《かん》細胞《さいぼう》をつくる新しい方法を開発し、2012年にノーベル生理学・医学賞を受賞しました。iPS細胞の開発は、クローン動物をつくらなくても本人由来のさまざまな臓器（心臓や肝臓や眼など）

をつくりだす道を開いたわけで、その結果、クローン動物をつくることについては、優れた家畜や絶滅危惧種の保存など一部の例を除いては、必要性が大きく低下しました（幹細胞については次項参照）。

ただ、山中先生自身もドリーの誕生が哺乳動物細胞の遺伝子の再プログラミング（すでに各種臓器の構成細胞に分化した細胞を、その細胞が由来したもともとの幹細胞に戻すこと）が可能であることを示したことで、自身の研究を刺激したと述べていて、幹細胞研究の一つの到達点であったことは疑いありません。

ｉＰＳ細胞（人工多能性幹細胞）

前項でも少し述べたように、ｉＰＳ細胞（アイピーエス細胞、人工多能性幹細胞 induced pluripotent stem cell）は、突然出現したわけではありません。組織や臓器や、終局的には動物の個体をつくりだしたいという研究者の夢は昔からありました。幹細胞とは組織や臓器や個体をつくる元になる、もともとの細胞ということですから、幹細胞の典型例というか、極端なかたちは、1個の精子と1個の卵が合体した受精卵です。

幹細胞にはきわめて未熟な幹細胞（すべての組織や臓器になることができる幹細胞）と、ある程度特定の組織になるために、その組織の方向に進んでいる（分化している）幹細胞があります。後者の例は血液幹細胞で、赤血球や白血球や血小板などの血液細胞になることが方向づけられています。

血液幹細胞については、１９６１年ごろにはすでにその存在が実験的に証明されていました。

血液幹細胞の治療への応用が骨髄移植や臍帯血移植で、これらは白血病や再生不良性貧血などの血液疾患の治療法として、すでに世界中で広く行われています（ちなみに骨髄移植法を開発した米国フレッド・ハッチンソンがん研究センターのトーマス教授は、１９９０年のノーベル生理学・医学賞を受賞しています）。

臍帯血《さいたいけつ》と臍帯血移植について説明しますと、妊娠した女性のおなかの中に赤ちゃん（胎児）がいますが、胎児はへその緒（臍帯）を通して母体から酸素や栄養をもらっています。お母さんの子宮の内側に胎盤があり、胎盤と胎児を臍帯がつないでいます。

出産になって胎児が生まれると、臍帯はもう用済みですから捨てていいのですが、臍帯の中の血管に血液が残っていて、これが臍帯血です。臍帯血中には多数の血液幹細胞が入っています。そこで、臍帯血を提供してもらって、その中の血液幹細胞を血液疾患などの患者さんの治療に用いるのが、臍帯血移植です。

臍帯血移植は医学的な根拠に基づいて、医学的な手順で行うもので（たとえば臍帯血と、その移植を受ける受血者の組織適合抗原検査は不可欠です）、移植については、国へ治療計画を届けることが義務づけられています。２０１７年８月には、無届けで移植をしたクリニックや臍帯血の流通に関わった業者が逮捕されています。[18] 臍帯血移植をするとアンチエイジングに効果があるとかいうものではありません。

さて、きわめて未熟な幹細胞の例は受精卵と述べましたが、受精卵が母体の子宮内で育っていくときは、1個の細胞が2倍、4倍、8倍と増殖していきます。ヒトでは細胞数が16個の時期（受精後3日）を桑実胚《そうじつはい》と呼んでいます。外見が桑の実のように見えるからです。やがて細胞が集まった部分と細胞がない部分に分かれていきます。この時期を胚盤胞《はいばんほう》と呼んでいます。ヒトでは受精後4〜5日の段階です。胚盤胞は球状をしていて、一部に細胞が集まった部分が内細胞塊です。内細胞塊がやがて胎芽、胎児となって、誕生を迎えます。[19]

この胚盤胞の内細胞塊をとってきてつくられた細胞集団が、ES細胞（イーエスさいぼう、胚性幹細胞 embryonic stem cell）です。マウスやラットなど実験動物であれば、受精卵からつくるES細胞について倫理的問題は生じないでしょうが、ヒトの場合は倫理的問題を避けることはできません。

ヒトのES細胞は不妊治療の際に準備された受精卵が余った場合に、提供者の許可を得たうえで、その細胞を用いてつくられました。受精卵ですので、もし子宮に戻して育つことができれば、一人のヒトになりますから、それを転用して実験に用いることは倫理的に問題です。ヒト幹細胞の研究過程で、ES細胞はこの問題に直面していました。一方、前項のヒトのクローンも、技術的問題と倫理的問題の両方にぶつかっていました。

iPS細胞は京都大学の山中伸弥先生たちによって開発されましたが、その特徴は哺乳動物の体細胞をとってきて、その細胞を多能性幹細胞（すべての系統の細胞に分化可能な未熟な幹細胞）に戻すための多能性誘導因子を細胞内に導入して培養することで、幹細胞がつくられるところにあります。ＥＳ細胞やクローン技術のように、動物の発生初期の胎芽期の細胞や卵細胞を必要としません[20, 21]。

ｉＰＳ細胞作製に用いられる多能性誘導因子は、２００６年の段階では *Oct3/4*、*Sox2*、*Klf4*、*c-Myc* の４つの遺伝子でした。これらの遺伝子を当初の報告ではウイルスを用いて目的の細胞に導入するという方法で行っていました。安全性が高いと思われる種類のウイルスに遺伝子を組み込んで、その遺伝子を細胞内に導入するというのは、遺伝子工学ではよく用いられる方法です。最近はウイルスを使わない、より安全な方法が開発されていますし、これら４つの遺伝子ではなくて、別の遺伝子を用いるなど、作成方法がさらに進歩してきています（たとえば *c-Myc* 遺伝子は細胞のがん化の可能性を高めると考えられ、*L-Myc* に変更されました）。

ｉＰＳ細胞は成人の体細胞（皮膚や血液細胞など）からつくることができ、ＥＳ細胞とは違って倫理的問題をクリアできたために、ローマ法王庁はｉＰＳ細胞研究を歓迎する声明を出しています（２００７年[22]）。

その後、理化学研究所の多細胞システム形成研究センター（神戸市）の眼科医高橋先生のチームは、眼疾患である加齢黄斑変性の患者さんの皮膚細胞から樹立したｉＰＳ細胞を用いて、網膜色素上皮細胞を作製し、その細胞のシートを２０１４年に患者さんの眼に移植しました。この治療によって病変の進行は止まり、患者さんは光（明るさ）を感じることができたということです。

次いで２例目の移植が準備されたものの、新しく樹立されたｉＰＳ細胞とそれからつくられた網膜色素細胞に小さな変化が見つかり、安全性優先の立場から移植は延期されました。

また、２０１８年2月28日にはiPS細胞から心臓の筋肉をつくって、それを一部の重症の心疾患患者さんに移植して治療するという計画が大阪大学の研究チームから出され、学内の専門家の委員会によって承認され、２０１８年なかばには1例目の実施を目指しているとのニュースが報じられました。[23]

現在のiPS細胞研究の中心は、iPS細胞作製手法の改良、研究材料の入手が困難なヒトの発生研究や神経疾患研究におけるiPS細胞のツール化、実験段階の薬剤の試験などの創薬領域ですが、治療応用もさらに進められそうです。科学的な発見が臨床の現場に生かされるまでには一般的に20年ほどかかり、iPS細胞もその過程にあると思われます（骨髄移植の実用化にもそれくらいの時間がかかったことを想起させます）。この原稿の脱稿後、２０１８年7月30日に京都大学からパーキンソン病の治療にiPS細胞を用いる治療を開始するというニュースがとびこんで来ました。この治療の成功が期待されます。

次世代シーケンサー（シークエンサー）

遺伝子研究は近年著しい進歩をとげ、社会へ及ぼす影響もますます大きなものになると思われます。だからこそ、文系理系を問わず、ある程度の知識は不可欠になってきています。このような進歩をとげるに至った理由の一つが、ＤＮＡ配列を調べる機器の進歩です。

シーケンサーは塩基の連続的配列を調べる機械です。シークエンサーとも言います（sequencerを日本語表記するときにシーケンサーとしたり、シークエンサーとしています。この本ではシーケンサーと表記することにします）。sequence は連続するものを意味しますから、ＤＮＡシーケンサーは塩基の連続的配列を調べる機械ということになります。

従来、ＤＮＡ配列を調べる方法としては、サンガー法がありました。サンガー法（１９７７年）は、目的とするＤＮＡに対して相補的なＤＮＡの合成を行い（図7のセンス鎖とアンチセンス鎖の関係が「相補的」関係です）、合成反応によって新しく取り込まれた塩基の種類を決めていくというものです。この方法は自動化され、８～96個のＤＮＡ断片を同時に読み取ることが可能になりました。これが第1世代のシーケンサーということになります。けれども、大きなサイズのＤＮＡの配列を決めるには、スピードとコストが大きな課題でした。

ヒトゲノムは23本の染色体を構成していて、23本の染色体の持つ塩基の合計が31億塩基対ですから、平均的大きさの染色体は1本で1億個以上の塩基の連続を含みます。この塩基のつながりを連続的に決定することは無理なので、小さなＤＮＡ断片に切って、それぞれの断片のＤＮＡ配列を調べて、つなげていくというやり方を行います。断片の塩基配列を同時に調べていくので、これは並列処理です。

ゲノムのような巨大な塩基配列を調べていくには、ＤＮＡ断片がなるべく長く、並列処理の規模ができるだけ大きく、塩基の決定方法ができるだけ早く、かつ、塩基の決定に誤りが少ないことが求められます。

2005年ごろ、遺伝子の塩基配列を高速に読み出すことができる装置が米国で開発されました。これが「次世代シーケンサー（Next Generation Sequencer：NGS）」です。塩基配列を決定する方法は第1世代のシーケンサーと類似していますが、同時に読み出すことのできるDNA断片数が数千から数百万で、第1世代のDNAシーケンサーに比べて桁違いに多く、このため、ゲノムを圧倒的に低いコストと短い時間で解析することが可能となりました。イルミナ社（米国、サンディエゴ）のシーケンサーが代表的です。

さらには、1個のDNA分子の塩基配列を決定できる第3世代シーケンサーが開発され使われつつあります。[24] 次世代シーケンサーで決めた塩基配列は1分子のDNAから得たものではなく、多数のDNAから得た結果の平均値で、したがって1細胞から得たものではありません。第3世代シーケンサーはその問題の解決になります。ただ、第3世代シーケンサーが広く実用化されるには、もうしばらくの時間が必要のようです。

そもそも、超高速のシーケンサーを開発する目的は何なのでしょうか？ それにはたくさんの理由があります。

① 遺伝子の個人差を明らかにすることによって、病気の治療を個人に最適なものにするオーダー

メード医療（個別化医療[25]、プレシジョン・メディシン）を可能にする。現在の治療の多くは、個人差を十分に考慮するものにはなっていません。ある薬を使って、別々の人に同じ効果が得られるとは限りません。

たとえば前述のフェニルケトン尿症のような、一遺伝子異常の場合でさえ、同じ病気の患者さんのあいだでもさまざまな違いがあります。ほかの疾患でも同様に、患者さんごとに多様性があるでしょう。そうすると、同じ病気に対する治療であっても、ヒトによって効果が異なることは十分に考えられます。これは病気の側の多様性です。

一方、薬の側から考えても、薬の効果、吸収、分布、代謝、排泄には個人差があり、それにはそれぞれの性質に関連したヒトの遺伝子の多様性が関わっています[26、27]。これら遺伝的多様性にはさまざまな酵素が関わっています。それらの酵素の型を調べて、そのヒトに最適の薬、最適な治療を選択することを目指します。これをオーダーメード医療と言っています。

② 病気の診断や病気の成り立ちについての理解が、飛躍的に進歩するでしょう。今まで診断がつかなかった病気が、患者さんの全エクソンまたは全ゲノム配列（これらについては次項）を調べることによって、診断がつくようになります。平成27年には日本医療研究開発機構の主導で「未診断疾患イニシアチブ」というプログラムが開始されています[28]。これは「日本全国の診断がつかずに悩んでいる患者さん（未診断疾患患者）に対して、遺伝学的解析結果を含めた総合的診断、

および国際連携可能なデータベース構築による積極的なデータシェアリングを行う体制を構築し、希少・未診断疾患の研究を推進する」ものとされています。

このような未診断疾患は、最近の報告では、そのうち25～30％がエクソーム解析検査（次項）によって診断がつくようになっているようです。[29、30] 診断がつけば治療が可能になったり、予防への道筋が明らかになっていきます。

③新しい領域への応用（これらの多くはすでに開始されています）

（i）未診断感染症の診断

（ii）腸内細菌の検査――メタゲノム解析

（iii）再生医療やiPS細胞研究との関わり

（iv）絶滅危惧種生物などのゲノム検査、品質の優れた食材の調査・保存

（v）天才遺伝子？の探索

おそらく、ほかにも山ほどあるのでは？

つまり、医学や生物学やバイオテクノロジーなどの広い領域にわたって遺伝子が関与することがらの基盤技術として、次世代シーケンサーが位置づけられています。（v）の天才遺伝子？というのはややとっぴな話題ですが、天才を生み出す遺伝子は何かというテーマであって、人類の進歩に

関わっています。[31] もちろん、このときも生命に関わる倫理問題（生命倫理）を避けて通るわけにはいきません。

全ゲノム塩基配列解析、ゲノムワイド関連解析、エクソーム解析

「全ゲノム塩基配列解析（Whole Genome Sequencing：ＷＧＳ）」は、ヒトでは31億個の塩基対すべての配列を調べます。ヒトの全ゲノム塩基配列解析は次項で述べる「ヒトゲノム計画」で初めて実施され、２００３年に完成しました。しかし、ヒトのすべての塩基配列が明らかにされただけでは、個人間の違いやさまざまなヒトの性質（特質）や疾患における遺伝子の役割はわかりません。そのために、個人間の遺伝子の違いを調べる「ハップマップ計画」が行われました。

この計画では、ヒトのゲノム全体におけるスニップス（ＳＮＰｓ、一塩基多型）が調べられました。次項以下でも述べますが、この成果を用いて、その後、ヒトの性質や疾患と遺伝子の関係を調べる研究が広く実施されるようになりました。このようなゲノム全体のスニップスを調べるのが、「ゲノムワイド関連解析（Genome Wide Association Study：ＧＷＡＳ）」です（ＧＷＡＳはジーワスまたはジーバスと呼ばれます）。この方法はゲノム全体をほぼカバーするような、50万個以上のスニップスの遺伝子型を決定し、遺伝子型と疾患や量的形質との関係を統計的に調べます。

このほか、エクソン（エキソン）だけを調べる方法があります。これが「エクソーム解析（Whole

Exome Sequencing：ＷＥＳ）」です。第４章で述べたように、多くの遺伝子はエクソンとイントロンから成っており、最終的にタンパク質に翻訳される部分をコードしているのがエクソンです。ゲノム全体の中のエクソン部分のすべてを指してエクソームと言っています。全エクソーム解析は、全ゲノムのうちエクソン配列のみを網羅的に解析する手法です。遺伝子は全ゲノムの約１・５％ですし、エクソンはその一部にすぎませんが、エクソンはタンパク質に翻訳される領域であるため、遺伝性疾患の多くがエクソン領域の変異により引き起こされると推測されています。したがって、低コストですが有効な方法です[32、33]。

ヒトゲノム計画

ヒトゲノム計画（Human Genome Project）とは、ヒトの持つ31億塩基対の塩基配列のすべてを調べようという計画です。米国立ヒトゲノム研究所フランシス・コリンズ所長の米国議会へのプロジェクト終了声明[34]によれば、１９８８年に米国科学アカデミーから計画の目標が示され、次いで米国衛生学研究所（ＮＩＨ）と米国エネルギー省が共同で具体的な指示をしました。同年には二重らせんの発見者、ジェームズ・ワトソン博士が米国立ヒトゲノム研究所の所長に指名されました。のちにコリンズ博士が所長を継ぎました（コリンズ博士のこの声明文は、非常に格調の高い文章です。一読の価値があると思います）。

この計画は1990年に開始され、2003年4月に予定より2年早く、ヒトの全ゲノムを読む（塩基配列を決定する）という目標を達成しました。最終的経費は27億ドル（プロジェクト開始当初の1991年の為替レート1ドル130円として、3510億円）でした。当初の予算より4億ドル少ない額で済んだそうです。この計画では、ヒト以外の生物5種（マウスも含む）のゲノムも明らかにされました。解析されたゲノムは匿名化された複数の提供者由来のDNAでした。さらに2007年には、ジェームズ・ワトソン博士の全ゲノムが解析され、一人のヒト由来のゲノムの全配列が初めて報告されました[35]。

この間、2000年6月に米国立ヒトゲノム研究所とそれに協力する国際コンソーシアム（共同体）は、ヒトゲノムのドラフト（草稿）を完成しましたが、同時期にクレイグ・ヴェンター博士率いるセレラ・ジェノミクス社は、独自のヒトゲノム・ドラフトを完成しました。ドラフトの発表はセレラ・ジェノミクス社も加わって、ホワイトハウスにおいて共同発表のかたちで行われました。

ヒトゲノム計画の成功は、米国の各機関と国際的な組織、そして民間企業の優れた協調にあるとコリンズ博士は述べています。この計画に参加したのは、米国以外にイギリス、フランス、ドイツ、日本、中国の政府とゲノム解読センターでした。この計画の成功は、世界的な会計事務所であるプライスウォーターハウスクーパースからも「ビッグサイエンス（大規模科学研究）の管理運営」として、今後の知識の最先端におけるモデルとなるだろうと報告されています。

計画の成功によって、これからのゲノム科学の新しい課題が明らかになりました。それは、ゲノム科学と生物学、医学、社会との関わりの探究です。医学との関わりとしては、健康と病気における遺伝要因の理解に始まって、これを病気の予防、診断、治療につなげていくこと。そして社会との関わりについては、ゲノム科学の倫理的、法的、そして社会的な意味合いを探っていくことです。

ヒトゲノム計画に続くもの

ヒトゲノム計画達成後、米国衛生学研究所（NIH）は、さらにいくつかの関連したプロジェクトを立ち上げました。２００３年に開始された「ハップマップ計画」（HapMap Project）もそうですし、２００６年には「がんゲノム地図計画」（The Cancer Genome Atlas）と「遺伝子関連情報ネットワーク」（Genetic Association Information Network）が続き、２００７年には「遺伝子環境計画」（Genes and Environment Initiative）が立ち上げられました。

「ハップマップ計画」について簡単に述べると、ヒトの染色体のスニップス（ＳＮＰｓ、一塩基多型）の全部を明らかにして、染色体上にスニップスの所在の地図をつくり、健康や病気や薬剤の感受性や環境要因と関連する遺伝子を探すための基礎データをつくるというプロジェクトです。２００３年に開始後、その成果は05年、07年、09年に公表されました。スニップス全体の数は１０００万もありますが、近くのスニップス同士は一緒に存在することが多いので、選択された50万のスニップスで代表することができます。[36、37]

がんには２００以上もの種類があるとされます。「がんゲノム地図計画」はそれぞれのがんのゲノム全体を明らかにすることで、予防や早期発見や治療に役立てようという計画です。現在、33種類のがんについて、主要なゲノムの変化の地図がつくられています。この計画は２０１７年に「がんゲノム研究センター」（Center for Cancer Genomics）に引き継がれました。

「遺伝子関連情報ネットワーク」は公的機関と私企業が共同で、有病者の多いいくつかの疾患について、ゲノムワイド関連解析を行います。[38] この計画は「ハップマップ計画」の知識の上に成り立っています。検討された疾患は、注意欠陥多動性障害（ＡＤＨＤ）、Ｉ型糖尿病による糖尿病性腎症、大うつ病、乾癬（慢性の皮膚疾患の一つ）、統合失調症、双極性障害の６つでした。このプロジェクトからも多数の論文が発表されています。[39]

ここで、ヒトゲノム計画における倫理問題についてもふれなくてはなりません。この計画の立案者たちは、初期の段階からヒトのゲノムを解読することが持つ倫理的問題を認識していました。そこで人々のプライバシーを保護し、差別をどのように防ぐかという社会に大きな影響を与える課題を扱う部門を立ち上げ、これにヒトゲノム計画の予算の５％を充てました。この部門はＥＬＳＩ（倫理的・法的・社会的影響研究部門、Ethical, Legal and Social Implications）と名づけられました。

このような生命倫理的研究の専門プログラムは大変重要です。前述のクローンの問題やｉＰＳ細胞のところでも出てきましたが、今後もこのような問題は続くでしょう。遺伝子の領域では新しい遺伝子編集技術（CRISPR/Cas9、クリスパー／キャス９）によるヒトの遺伝子編集の実用化が見え始めています（後述）。このようなときに、生命倫理サイドからの評価、助言は不可欠のものになるでしょう。[40]

1000ドルゲノム計画

さて、「1000ドルゲノム計画」の話です。ヒトゲノム配列の解読コストは2003年の最初の解読（つまりヒトゲノム計画）では13年の歳月と3510億円の巨費と200人以上の科学者の参加が必要でした。ヒトゲノム計画終了後の数年間は解読にかかる費用もＩＴ関係で言われる「ムーアの法則」（コンピュータの性能は2年で2倍になる。したがってコンピュータの価格は2年で半分になる）と同程度の低価格化が進みました。

ところが2007年ごろ次世代シーケンサーが市場に投入されて、その時点ではヒトゲノム解析に10億円かかっていたものが、6年後の2013年には50万円程度まで低下しました。この背景には、米国立ヒトゲノム研究所からの助成金計画があったといいます。これが「1000ドルゲノム計画」です。2002年に米国立ヒトゲノム研究所の主催した会議で、医師が患者の診断のために通常の診療の一環としてゲノム配列検査をするようにするためには、いくらくらいの金額に設定するとよいかが話し合われました。

そこで1000ドルという金額が提案されました。現在、ヒトゲノムの解析コストは1000ドルを達成できているとも言われています。現在、最大の問題と考えられていることは、明らかになった塩基配列をどのように医療に結びつけるかという課題です。[41]

アンジェリーナ・ジョリーさんとがん関連遺伝子

女優で映画監督のアンジェリーナ・ジョリーさん（アンジー）は２０１３年2月、37歳のときに両側の乳房切除手術と乳房再建術を受けました。乳がんが発病する前のことですから、予防切除です。自分の持つがん関連遺伝子である *BRCA1*（ビーアールシーエーワン）遺伝子に異常があり、乳がんを発病する可能性が87％で、卵巣がん発病の可能性が50％であることがわかったからです。[42〜44]*BRCA1* 遺伝子については次の項で説明します。なお、遺伝子の名前は斜字体で書き、その遺伝子がつくるタンパク質については立体（普通の字体）で書く決まりです。

彼女が *BRCA1* の検査をしたのは、家族に乳がんや卵巣がんの人が何人もいたからです。お母さんも女優でしたが、乳がんがあり、卵巣がんで亡くなっています。さらにおばあさんは卵巣がんでしたし、おばさんは同じ *BRCA1* の異常があって、アンジーの手術の3か月後に亡くなっています。遺伝性乳がん卵巣がんということになります。アンジーの乳がん発病率は乳房切除の後、5％以下に低下しました。

けれども、乳房切除をしても卵巣がんになる可能性が50％あります。彼女は卵巣がんの予防対策についてさまざまに調べ、医師たちの助言も受け、最終的に両側卵巣と卵管の切除術を受けることにしました。乳房切除術も大手術ですが（乳房再建術も同時に行うため）、卵巣・卵管切除を行うと卵巣ホルモンが分泌されなくなるので、人工的な閉経になってしまいます。

医師たちのアドバイスは、家族で最も早く卵巣がんになった人の年齢より10年前に卵巣・卵管切除術を受けるというものでした。お母さんが卵巣がんと診断されたのは49歳で、アンジーはそのとき（2015年3月）39歳でした。彼女は手術を受け、今、卵巣ホルモンの補充療法をしています。彼女はこの2つの経験をニューヨーク・タイムズに投稿して、家族に何人も乳がんや卵巣がんのいる人たちに向けて、これらの病気について、さまざまな対策手段があると語っています。

「方針を決めることは容易なことではありません。けれども、どんな健康の問題であっても、それに取り組み、コントロールすることは可能です。正しい助言を求め、選択肢のあることを学び、あなたにとって最も正しい選択をしてください。知識は力になります。[44]」

なお、アンジーの1回目の投稿で彼女は*BRCA1*と*BRCA2*の検査が米国では3000ドル（33万円）以上することが、この検査を受けるハードルになっていることを指摘しました。米国最高裁はこれを受けて、翌月2013年6月にミリアッド・ジェネティックス社の持つ*BRCA*に関する特許を無効としたことで、検査の価格は大きく下がったそうです。

アンジーの行った*BRCA*遺伝子検査で注目される点は、まず、彼女の家系は特定のがんを発病した人が多い家系だということです。この疾患は、遺伝性乳がん卵巣がんと呼ばれています。[45]乳がんと卵巣がんが多発している時点で、特定のがん遺伝子、すなわち*BRCA*遺伝子の関与が推察されます。そしてもう一つは、アンジーには彼女をサポートしてくれる医師たち専門家とのつながりがあるということです。

後者にはおそらく高額の費用がかかるでしょう。皆が皆、彼女と同じサポート、同じ医療を受けることは困難ですが、それでもなお、特定のがんの発病者の多い家系の人にとって、また社会にとって、アンジーのニューヨーク・タイムズへの投稿は貴重な助言だと言えるでしょう。

また、彼女の例で明らかなように、女性であれば必ず*BRCA*遺伝子検査が必要というわけではありません。家系にある種のがんの発病者が多いという特定の状況で、特定のがん遺伝子の関与が想定されるからこそ必要になった検査であって、むやみに検査が行われたわけではありません。

がん関連遺伝子とは

現在は、日本人は一生のうち、２人に１人はがんになると言われています。がんは遺伝子の病気ですが、それは多くの場合、がんが遺伝することを意味するものではありません。[46] 今まで述べたように、遺伝子の役割は親から子へ遺伝情報を伝える働きだけでなく、タンパク質をつくる情報であるということでした。がんが遺伝子の病気というときには、主に後者のタンパク質をつくることと関わっています。

ただ、ごく一部には家族性のがんがあって、親から子へ、がんになりやすさが遺伝します。それがアンジーのケースでした。彼女は、お母さんからがん関連遺伝子の*BRCA1*の変異型を受け継いでいたのです。

がん関連遺伝子というのは、もともとは細胞の増殖や分化（未熟な細胞が成熟して特定の働きや形態を持つようになること）に重要な働きをする遺伝子です。がん関連遺伝子は、おおざっぱに2種類に分けることができます。一つは原《げん》がん遺伝子です。もともと原がん遺伝子は、正常細胞の増殖や分化に働くタンパク質をつくります。ですから、正常細胞にとって不可欠の遺伝子群です。

たくさんの原がん遺伝子がありますが、代表的な一例は*ras*（ラス）遺伝子です。*ras*遺伝子は細胞内情報伝達の重要な位置を占めています。細胞外からのさまざまな情報（刺激）を受けると活性化して*ras*タンパクは細胞増殖や分化や細胞の生存に関わる他の遺伝子を活性化します。*ras*遺伝子には3種類があります（*Hras*、*Kras*、*Nras*）。*ras*遺伝子が変異を起こして、がん遺伝子になってしまうと、細胞外からの刺激がなくても他の遺伝子を活性化し続け、がんの発生につながります。ヒトのがんの多くには、変異を起こして活性化した*ras*遺伝子が見つかっています。[47]

がん関連遺伝子のもう一つは、がん抑制遺伝子（がんの発生を抑制する）です。がん抑制遺伝子にもたくさんの遺伝子があります。*BRCA1*と*BRCA2*はがん抑制遺伝子の一例です。*BRCA1*と*BRCA2*遺伝子の本来の役割は壊れたDNAを修復することです。[48] この遺伝子どちらかの異常は乳がん・卵巣がんの発生につながることが知られています。*BRCA* の名前は breast cancer（乳がん）に由来します。*BRCA*には*1*と*2*の2種類ありますが、２つの遺伝子には構造上の類似点はありません。ただどちらも正常であればＤＮＡの修復という作用を持ち、異常が生じると乳がん・卵巣がんの発生に関わるという共通の特徴を持っています。

がん関連遺伝子は、よく車のアクセルとブレーキにたとえられます。原がん遺伝子は本来、細胞の増殖や分化に働いているのですが、この遺伝子にさまざまな変異が生じたときに、細胞をがん化させてしまいます。がんを起こすような変異が生じると、原がん遺伝子はがん遺伝子になります。車のアクセルが壊れてスピードが上がりすぎた状態です。これを止めようとするのが、ブレーキに相当するがん抑制遺伝子です。この遺伝子に変異が生じた場合は、ブレーキが効かなくなった状態です。

がんから体を守るために、体はさまざまな防衛機構を持っています。ＤＮＡの複製の際の校正・修復もありますし、がん抑制遺伝子もそうですし、免疫系（がん免疫）もそうです。年をとるとともに、細胞はさまざまな外部からの障害を受ける回数も増え、体を守る体内の維持機構も徐々に衰えることになります。たばこは吸わない、バランスのとれた食生活をする、適度に運動を行い、定期的ながん検診を受けるなどが、がんの予防に有効とされています[49]。このような生活態度が、がん化につながるがん関連遺伝子の変異の発生を減らすと考えられます。

直接消費者に提供される遺伝学的検査（DTC遺伝学的検査）

最近、企業が一般の人たちの遺伝子検査を商業ベースで行うことが始まりました。これはどんなことなのでしょう？　商業ベースで行われている遺伝子検査は、ヒトのいろいろな特質（性質）について関連があるとされる遺伝子の多型についての違いを調べて、その結果をユーザー（消費者）へ報告します。結果は各項目について、「あなたは○○である可能性が□□％です」というような記載になります。

ここまで、「多型」という言葉は何度も出てきました。「多型」の代表例はスニップス（SNPs、一塩基多型）です。スニップスは、ある遺伝子の特定の場所の塩基が個人によって違いがあることで、その結果、遺伝子の作用が普通にあることもあれば、作用が弱いこともあります。あるいは、どちらの塩基であっても、作用の強さには影響がない場合もあります。第6章の「酵素タンパク質」の項の、アルデヒド脱水素酵素遺伝子の487番目の塩基がグアニン（G）かアデニン（A）かで、そのヒトがお酒が強いか弱いか決まるのが典型的な例です。

さて、自分のさまざまな特性に関わる遺伝子検査が送られてきたとして、はたしてそれで十分と言えるのでしょうか？　遺伝子検査の結果から、たとえば、あるがんになる可能性が□□％ありますという報告を受けたとして、その％は高いのか、低いのか。人によっては同じ□□％を高いと思うかもしれないし、低いと思うかもしれません。そしてそのがんにいつ頃なるかは予想がつきません。こういう状況が起きる可能性を考えると、遺伝情報を一般のヒトが扱うのはかなり難しそうです。

世間一般では血液型性格判断が普通に受け入れられていて、お酒の席などで話題になったりすることもあります。「△△君は、また、あんなこと言ったんだって。」「彼は血液型××型だから、しかたがないよ。」みたいな会話は、しょっちゅう行われているでしょう。

血液型と性格の関連について、最近では、血液型と性格は全く関係がないとは言えないかもしれないけれど、その関係を認める論文はわずかであって、おそらく前述のＱＴＬ仮説が成り立つのではないか、と考えられています。ＱＴＬ仮説について、もう一度おさらいしますと、「ヒトのありふれた特質は多数の遺伝子と多数の環境要因の影響を受けるが、１つ１つの効果はわずかである」というものです。

世間の通説が正確でないのは、血液型が性格をほとんど決めるかのような言い方になっている点でしょう。正しくは、血液型は性格とわずかに関係するかもしれないが、その関連の割合はごく少ないということだと思います。

血液型と性格の関係について、報告の一例は日本人研究者の２０１５年の論文で、[50] そこではＡＢＯ血液型はヒトの性格の一部に関連している可能性はあるが、その関与する割合は低い。ＡＢＯ血液型物質は神経伝達物質（脳内の神経同士の情報伝達を担当する物質）の代謝に関係している可能性があるので、そのためかもしれないが、いずれにせよ、まだ十分な研究はなされていないと述べられています。

なんだか残念な話になりましたが、現実はこんなものでしょう。1個の遺伝子や1つの表現型ですべてが説明できれば簡単ですが、ヒトも動物も、もっともっと複雑です。たくさんの遺伝子やたくさんのタンパク質が相互に関連しあってヒトをつくっているからこそ、ヒトは地球上でこんなに繁栄したのだろうと思います（もちろんヒトが空前の繁栄をしているなどと、気楽に言えるものではありません。現在はテロや戦争や格差や地球温暖化など、さまざまな大問題があるのですから）。

いずれにせよ、遺伝子検査結果の解釈は簡単ではありません。専門家の集団である日本人類遺伝学会は2008年に、「DTC遺伝学的検査に関する見解」を発表して、以下の提言をしています。[51] DTC遺伝学的検査とは、直接消費者に提供される遺伝学的検査を意味します（DTCは direct to consumer で、消費者直販の意）。

（1）DTC遺伝学的検査においては、その依頼から結果解釈までのプロセスに十分な遺伝医学的知識のある専門家（臨床遺伝専門医等）が関与すべきである。
（2）DTC遺伝学的検査を実施する際は、関連するガイドライン等を遵守すべきである。
（3）公的機関は、DTC遺伝学的検査について監督する方法を早急に検討すべきである。
（4）消費者が不利益を受けないように、関係者はあらゆる機会を通じて、一般市民に対し、遺伝学の基礎およびＤＴＣ遺伝学的検査について教育・啓発を行うべきである。

このようなＤＴＣ遺伝子検査の代表的な企業が、米国の〝23andMe〟です。「23」という数字は、お気づきのように、片親からもらう染色体の本数、つまり1倍体であり、ゲノムを意味します。この会社は２００６年に設立され、本社はカリフォルニア州のマウンテンビュー市にあります。サンフランシスコ近郊の、いわゆるシリコンバレーの一角です。設立者の一人は、グーグルのセルゲイ・ブリン氏の前妻アン・ウォジスキ氏です。[52]

23andMe は、ヒトのさまざまな特質を、選択した遺伝子のスニップ（一塩基多型）50万〜１００万個を対象に、次世代シーケンサーとマイクロチップを使って有料で調べるという商品を販売しました。顧客は自分の唾液を採取して、23andMe に送るだけです。料金も2万円前後と、低価格に設定されていました。

ところが、この遺伝子検査は医療器材なのかどうかがＦＤＡ（アメリカ食品医薬品局）から問題にされました。医療器材であれば、政府からの承認が必要になります。23andMe とともに、シーケンサーを提供しているイルミナ社にもＦＤＡの書簡が送られました。２０１３年末にはＦＤＡの指示により、23andMe のＤＴＣ遺伝子検査は結果が不正確であって、公衆衛生上の懸念があるということで、ユーザーの出自（米国は多民族国家ですから）がどこかという遺伝学的検査と、遺伝学的な解釈を含まない生《なま》の遺伝子データ以外の商品は、販売できないことになりました。

その後、紆余曲折を経て、2017年4月にFDAは、10種類の疾患に関連した遺伝子検査のみを許可しました。これらの疾患は、アルツハイマー病、パーキンソン病、セリアック病（自己免疫疾患の一つ）などです。[53]

23andMe は、考えようによってはデータの宝庫です。きわめて多数のヒトのデータを蓄えていることになります。このデータの集積は科学者を魅了するだけでなく（たとえば、手元にある論文[54]にも、データソースは 23andMe であると書いたものがあります）、製薬会社やバイオテクノロジー企業をも引き付けています。2012年までに 23andMe は、18万人のユーザーを獲得しました。この数は企業にとっては十分な顧客数ではありませんが、18万人の遺伝情報を持っていると考えると大きな資源になります。さらに2017年末までには、顧客数は200万人に達しています。また、同年には世界最大のベンチャー投資ファンドであるセコイア・キャピタルから、2億5千万ドル（275億円）の融資を受けています。[52]

23andMe は、遺伝情報を顧客に提供するよりも、遺伝情報を元に企業の投資を求めるような経営方針になっているのではないかという批判が出ています。そこではユーザーは顧客なのか、それとも商品なのか、という皮肉な問いが投げかけられています。[55]

遺伝子編集（ゲノム編集）――クリスパー／キャス９

最近、注目を浴びている話題として、遺伝子編集（ゲノム編集）があります。これは特定の遺伝子を発現させたり、発現を止めたり、または違う機能を持たせるようにする技術です。この技術は遺伝子工学の夢でした。クリスパー／キャス９（CRISPR/Cas9）以前にも遺伝子編集技術はあったのですが、それらは技術的難度の高いものでした。

クリスパーは１９８７年に大阪大学のグループによって大腸菌から発見された遺伝子です。[56] この遺伝子は前から読んでも後ろから読んでも同じになる回文配列を何個も持っているという、珍しい構造をしていました（回文構造とは、「タケヤブヤケタ」のような文です）。

彼らの論文を見ると、この回文構造はＴＣＣＣＣＧＣＴ＊＊ＣＧＣＧＧＧＧＡでした（＊はＧまたはＡ）。ただし、この場合の回文はそのままひっくり返した構造ＴＣＣＣＣＧＣ…ＣＧＣＣＣＣＴになっておらず、今までに何度か出てきたＤＮＡの塩基の相補的関係、ＡとＴ、ＧとＣが組になる関係を使って、ＴＣＣＣＣＧＣ…ＧＣＧＧＧＧＡになっています。最初のＴが最後のＡと、2番目のＣは最後から2番目のＧと、という組み合わせです。

当初は、この遺伝子の重要性は明らかではありませんでした。しかし、後日、この遺伝子は外来性ウイルスなどに対する微生物（この場合は大腸菌）の免疫システムであることが明らかになりました。回文配列と次の回文配列のあいだに、微生物が今までに遭遇した外来性ウイルスなどの遺伝子情報を蓄えていることが明らかになったのです。

さらにクリスパー配列の近くには、核酸を分解する酵素（ヌクレアーゼ）をコードするクリスパー関連遺伝子群（CRISPR-associated protein9 キャス9）が存在することが示されました。キャスにはいろいろな種類がありますが、現在、遺伝子編集によく用いられる化膿性連鎖球菌のクリスパー／キャス９系で説明しますと、侵入したウイルスなどの外来性ＤＮＡはキャス９によって切断されたのち、捕捉され、クリスパー内に取り込まれます。この取り込まれた外来性ＤＮＡの一部からガイド鎖ＲＮＡがつくられ、このガイド鎖は再び同じＤＮＡに遭遇すると、キャス９を侵入したＤＮＡに向かわせて、キャス９が標的となるＤＮＡを切断する仕組みです。[57]

ここで大切なことは、標的とするＤＮＡに応じてガイド鎖ＲＮＡを合成すれば標的ＤＮＡを切断できて、その後はほぼすべての細胞自身が持つＤＮＡ修復機能で修復できることです。修復するときには標的ＤＮＡ（標的遺伝子）を崩壊だけさせて修復することも可能ですし、崩壊後、別のＤＮＡ修復用鋳型を用いて遺伝子を組み換える（遺伝子編集）ことも可能です。[57]

この技術が、今後の生命科学に大きな影響を与えることは確実でしょう。遺伝子治療にも影響を与えるでしょうし、新たに自分の望みどおりの子どもをつくるというデザイナー・ベビーの問題も出てくるかもしれません。前述の『ガタカ』の世界が現実化する可能性さえ考えられます。ＡＩやロボットやシンギュラリティ（技術的特異点。簡単に言ってしまえば人工知能が人類の知能を上回ってしまって文明の進歩の主体になることが達成される段階。２０４５年ごろに到来するのではないかという説がありますが、実際そうなるか、ならないかはわからないし、人類の叡知しだいという気もします。シンギュラリティに到達するまでに人工知能の開発にかかる費用を負担できる経済力は人類にはないのではないかという意見さえあります）の問題とも合わせて、今やヒトとは何かという問題と、正面から向き合わなくてはならない時代になろうとしているのかもしれません。

第８章のまとめ

ここでは、遺伝子をめぐる、さまざまな新しい話題をとりあげました。テレビやネットや新聞で読まれる記事にも、これらの話題にふれたものが多くなっています。

まず、クローン羊のドリーの話題です（１９９７年）。クローン動物とは一頭のある動物（この場合は羊）と全く同じ遺伝子を持つ同じ種類の動物（羊）のことを言います。ドリーはお母さんの体細胞からつくられた羊で、持っている遺伝情報はお母さんと同じ情報でした（厳密には多少違います）。クローン技術をヒトに応用することは現在、不適切とされていますし、クローン動物作成の成功率は高いものではありません。

次いで、日本発の技術、ｉＰＳ細胞について（２００６年）。ｉＰＳ細胞はいくつかの遺伝子を導入することによって体細胞からつくることができる幹細胞です（幹細胞とは未熟な細胞集団のことで、最も未熟なものからは1個のおとなの動物が育つことが可能ですし、もう少し成熟した幹細胞は、すでに特定の臓器の細胞、たとえば血液細胞や肝細胞などになることが方向づけられた細胞です)。iPS細胞は現在は発生研究や神経疾患研究におけるツールとして、また、創薬研究の領域において、臨床に生かすための研究が展開されています。

次世代シーケンサー(シークエンサー)とはDNA配列を検査する、新しい検査器械を言っています(2005年)。それ以前のDNA配列検査装置はごく短い塩基配列しか検査できなかったために、ヒトゲノム計画で初めてヒトの全塩基配列(ゲノム)を調べるのに3510億円の巨費と13年間の時間が必要でした。その後、次世代シーケンサーが登場し、飛躍的な発展・改良によって、費用は10万円、時間は3~4日程度、さらに現在は費用・時間ともにそれ以下で行うことが可能になっています。

超高速のシーケンサーの開発によって、遺伝子の個人差を明らかにして病気の治療を個人に最適なものにするオーダーメード医療(個別化医療、プレシジョン・メディシン)の実施や、病気の診断や病気の成り立ちについての理解が著しく進むことや今まで診断できなかった疾患の診断も期待されています。

遺伝子についてのさまざまな話題のなかで注目を集めるものの一つはがん関連遺伝子です。がん関連遺伝子の一つは「原《げん》がん遺伝子」で、もともとは細胞の増殖や分化(未熟な細胞が成熟して特定の働きや形態を持つようになること)に働くタンパク質をつくるのですが、変異を起こすと、がんを発生させるようになります。もう一つは「がん抑制遺伝子」です。この遺伝子は本来、がんの発生を抑制していますが、遺伝子に異常を生じるとがんの発生を抑制できなくなってしまいます。「原がん遺伝子」と「がん抑制遺伝子」にはそれぞれさまざまな遺伝子が属します。女優で映画監督のアンジェリーナ・ジョリーさんには家系に乳がん・卵巣がんの人が何人もいて、検査によって自身の持つがん抑制遺伝子の一つである *BRCA1* に異常があることが見つかりました。乳がん・卵巣がんの発病の可能性が非常に高いことが明らかになったので、予防対策について自分でもさまざまに調べ、医師たちの助言も受けて、最終的に乳房切除術＋乳房再建術、卵巣・卵管切除術を受けたのです。彼女は自分の体験をニューヨーク・タイムズに投稿し、世界的な反響がありました（２０１３年、２０１５年）。

最近、企業が一般の人たちの遺伝子検査を商業ベースで行うことが始まりました（ＤＴＣ遺伝学的検査）。アメリカでは２００６年に設立された“23andMe”が代表的です。しかし、ＦＤＡ（アメリカ食品医薬品局）から公衆衛生上の懸念があるということで指導があり、２０１７年段階では10種類の疾患関連遺伝子検査だけが許可されています。わが国では、日本人類遺伝学会が、検査においては臨床遺伝専門医などの関与が必要なこと、ガイドラインを遵守すべきこと、公的機関の監督がなされるべきこと、消費者が不利益を受けないように、関係者は一般市民に教育・啓発を行うべきことという提言を行っています（２００８年）。

注目を浴びている話題には遺伝子編集（ゲノム編集）もあります。これは特定の遺伝子の作用を生じさせたり、作用を止めたり、または違う機能を持たせるようにする技術です。遺伝子編集にはいくつかの方法がありましたが、２０１２年に発表された新しい技術クリスパー／キャス９は従来の方法に比べて技術的に大きな飛躍をとげたものでした。この技術が今後の生命科学に大きな影響を与えることは確実でしょう。今やヒトとは何かという問題と正面から向き合わなくてはならない時代になろうとしているのかもしれません。

あとがき

遺伝子という言葉は、日常生活でもよく見聞きするようになった割には十分明らかでないまま用いられているように思います。けれども、これからの時代、遺伝子は医学、薬学、生物学、農林水産業、工業だけでなく、経済、経営、社会、政治さまざまな分野において、ますます利用が盛んになっていくでしょう。

著者は医学部／大学病院小児科に所属していたころには、患者さんの診断・治療との関連から初歩的な分子遺伝学的解析に関わりました。やがて新生児の健診に従事するようになってから、生後間もなくの赤ちゃんたちも一人ひとり個性が異なることに気づき、論文発表するとともに、さまざまな先行研究を踏まえて単行本『性格はどのようにして決まるのか』（新曜社、２０１５年）を出版しました。一方、教育は性格決定に大きく影響することが知られていますが、教育に遺伝子をどのように生かすとよいかについて、イギリスの高名な遺伝心理学者プローミン教授たちの著した新しい教育論『遺伝子を生かす教育』（新曜社、２０１６年）を訳出しました。本書も含めて、この３冊の本で遺伝子と性格をめぐる研究の現況をレビューすることができたのは著者としての喜びです。

本書でも少しふれたところですが、ヒトの性格は遺伝によって50％、残りの50％は環境によって決まり、そして、遺伝と環境のあいだには相互作用があることが明らかになっています。遺伝の要素を決めるものとして、特定の遺伝子を検討したり（候補遺伝子検索）、あるいはヒト細胞の持つ遺伝情報のすべてについて、多数の関連遺伝子の変異をいちどに調べることも行われます（ゲノムワイド関連解析やエクソーム解析）。

このような研究の積み重ねによって、ヒトとは何かという普遍的な問いへのアプローチも進むでしょうし、オーダーメード医療や病気のよりよい治療法の開発も可能になるでしょう。読者の皆様をそのような新しい世界の入り口にご案内できれば幸いです。

本書では、ＤＮＡの複製とセントラル・ドグマ（ＤＮＡの情報がＲＮＡへ転写されて、その情報を元にタンパク質へ翻訳される仕組み）について少し詳しく述べました。ＤＮＡの複製は遺伝子の役割の一つである親から子どもへの遺伝の基礎ですし、もう一つの役割であるタンパク質（ひいては生命）の設計図であることについてはセントラル・ドグマが基本です。もちろん、遺伝子の役割は簡単に二分化できるわけではありませんが、このように整理すると、遺伝子の意味が理解しやすいように思います。

本書の執筆にあたっては、千葉大学大学院副医学薬学府長、羽田明先生のご助言・ご高閲をいただきました。また、新曜社社長、塩浦暲様には変わらぬご支援をいただきました。お二人に心から感謝申し上げます。

参考書籍

以下の書籍を参考にしました。

1　大西正健『休み時間の生化学』講談社、２０１０年［各項目を見開き2ページ程度にまとめてあり、わかりやすい。］
2　亀井碩哉『ひとりでマスターする生化学』講談社、２０１５年［他書に書かれていない記事もあり、有用。視点はやや特徴的。］
3　山口雄輝ほか『基礎からしっかり学ぶ生化学』羊土社、２０１４年［遺伝学についての記事が詳しい。］
4　ヤン・コールマンほか（著）／川村越ほか（訳）『カラー図解　見てわかる生化学第2版』メディカル・サイエンス・インターナショナル、２０１５年［左ページが解説、右ページがそれに対応した図で、図がよくできている。］
5　林典夫ほか『シンプル生化学改訂第6版』南江堂、２０１４年［医学・医療系学生を意識した編集。］
6　菅野純夫ほか『細胞工学別冊　次世代シークエンサー』学研メディカル秀潤社、２０１２年［専門家向き。］
7　T・W・サドラー（著）／安田峯生（訳）『ラングマン人体発生学第9版』メディカル・サイエンス・インターナショナル、２００６年［専門家向き。］

8　トム・ストラッチャンほか（著）／村松正實ほか（訳）『ヒトの分子遺伝学第4版』メディカル・サイエンス・インターナショナル、2011年［専門家向き。ヒトの分子遺伝学についての大学院レベルの教科書。］

9　T・A・ブラウン（著）／村松正實ほか（訳）『ゲノム第3版』メディカル・サイエンス・インターナショナル、2007年［専門家向き。ただしヒトの遺伝子の総数など、一部の記事に古い内容がある。］

10　ジェームス・D・ワトソンほか（著）／中村桂子ほか（訳）『ワトソン遺伝子の分子生物学第7版』東京電機大学出版局、2017年［専門家向き。ジェームス・D・ワトソンその人が書き、以後、新版が発行され続けている素晴らしい本。大学院レベルの教科書。ロザリンド・フランクリンのDNAのX線回折写真の読み方も解説されていて興味深い。］

11　渡邉淳『診療・研究にダイレクトにつながる遺伝医学』羊土社、2017年［専門家向き。遺伝学の広範な知識を項目別に手短にまとめてあって、参照するのに使い勝手がいい。］

12　岸恭一（監修）『アミノ酸セミナー』工業調査会、2003年［桶の理論が解説されている。］

[52] Wikipedia: 23andMe. https://en.wikipedia.org/wiki/23andMe
[53] Boddy, Jessica. (April 7, 2017). FDA Approves 23andMe Genetic Tests For 10 Diseases : ***Shots Health News***: NPR. http://www.npr.org/sections/health-shots/2017/04/07/522897473/fda-approves-marketing-of-consumer-genetic-tests-for-some-conditions
[54] Pickrell, J. K., et al. (2016). Detection and interpretation of shared genetic influences on 42 human traits. ***Nature Genetics,*** 48: 709-717.
[55] Jeffries, Adrianne (December 12, 2012). Genes, patents, and big business: at 23andMe, are you the customer or the product? ***The Verge.*** https://www.theverge.com/2012/12/12/3759198/23andme-genetics-testing-50-million-data-mining
[56] Ishino, Y., et al. (1987). Nucleotide sequence of the iap gene, responsible for alkaline phosphatase isozyme conversion in Escherichia coli, and identification of the gene product. ***Journal of Bacteriology,*** 169: 5429-5433.
[57] CRISPR-Cas9 基本の「き」: コスモ・バイオ株式会社ウェブ記事 http://www.cosmobio.co.jp/product/detail/crispr-cas9-introduction-apb.asp?entry_id=15520

technology. ***Trends In Genetics,*** 30: 418-426.
［34］ Collins, Francis S. (May 22, 2003). The Future of Genomics. https://www.genome.gov/11007447/
［35］ Wikipedia: Human Genome Project. https://en.wikipedia.org/wiki/Human_Genome_Project
［36］ Wikipedia: International HapMap Project. https://en.wikipedia.org/wiki/International_HapMap_Project
［37］ NIH: International HapMap Project. https://www.genome.gov/10001688/
［38］ 脳科学辞典：ゲノムワイド関連解析 https://bsd.neuroinf.jp/wiki/ゲノムワイド関連解析
［39］ National Human Genome Research Institute（NHGRI）, Genetic Association Information Network（GAIN）Bibliography. https://www.genome.gov/pages/about/od/opg/gainbibliography-021411.pdf
［40］「ヒトゲノム計画 25 年の軌跡」『Nature ダイジェスト』Vol.13, No.1.
［41］「「1000 ドルゲノム」成功への軌跡」『Nature ダイジェスト』vol.11, No.6.
［42］ Wikipedia: Angelina Jolie. https://en.wikipedia.org/wiki/Angelina_Jolie#References
［43］ Jolie, Angelina (May 14, 2013). "My Medical Choice". ***The New York Times.*** http://www.nytimes.com/2013/05/14/opinion/my-medical-choice.html
［44］ Jolie Pitt, Angelina (March 24, 2015). "Angelina Jolie Pitt: Diary of a Surgery". ***The New York Times.*** https://www.nytimes.com/2015/03/24/opinion/angelina-jolie-pitt-diary-of-a-surgery.html?_r=0
［45］ 平沢晃ほか (2016).「遺伝性乳がん卵巣がん」『日医雑誌』145: 705-709.
［46］ 渡邉淳 (2017).『診療・研究にダイレクトにつながる遺伝医学』羊土社
［47］ Wikipedia: Ras subfamily. https://en.wikipedia.org/wiki/Ras_subfamily
［48］ Wikipedia: ***BRCA*** mutation. https://en.wikipedia.org/wiki/BRCA_mutation
［49］ 日本対がん協会：がんを防ぐための新 12 か条 http://www.jcancer.jp/about_cancer_and_checkup/がんを防ぐ 12 か条
［50］ Tsuchimine, S. et al. (2015). ABO blood type and personality traits in healthy Japanese subjects. ***PloS one,*** 10(5), e0126983.
［51］ 日本人類遺伝学会ウェブ記事 (2008). http://jshg.jp/dtc/

［16］ Weintraub, K. (2016). “20 Years after Dolly the Sheep Led the Way—Where Is Cloning Now?”. ***Scientific American.*** https://www.scientificamerican.com/article/20-years-after-dolly-the-sheep-led-the-way-where-is-cloning-now/
［17］ Wikimedia Commons: File: Dolly clone. svg: https://commons.wikimedia.org/wiki/File:Dolly_clone.svg
［18］ 日経 BP：違法な「さい帯血」移植はなぜ行われたのか？ http://business.nikkeibp.co.jp/atcl/report/16/011100101/090500007/
［19］ T・W・サドラー（著）／安田峯生（訳）(2006)『ラングマン人体発生学 第9版』メディカル・サイエンス・インターナショナル
［20］「iPS 細胞の 10 年」『Nature ダイジェスト』Vol.13, No.9, 2016.
［21］「もっと知る iPS 細胞」京都大学 iPS 細胞研究所 HP. http://www.cira.kyoto-u.ac.jp/j/faq/faq_ips.html
［22］ クリスチャントゥデイ：バチカン「倫理的問題と見なさない」ヒト人工多能性幹細胞 http://www.christiantoday.co.jp/articles/1673/20071127/news.htm
［23］ NHK ニュース：iPS 応用の心臓病治療 大阪大が承認 ことし１例目実施も https://www3.nhk.or.jp/news/html/20180228/k10011346561000.html
［24］「新方式のシーケンサー登場」『Nature ダイジェスト』Vol.8, No.5, 2011.
［25］ ウィキペディア：オーダメイド医療 https://ja.wikipedia.org/wiki/ オーダメイド医療
［26］ Wikipedia: Mechanism of action. https://en.wikipedia.org/wiki/Mechanism_of_action
［27］ 中村秀文 (2009).「薬物動態と薬力学」『日臨麻会誌』29: 789-796. https://www.jstage.jst.go.jp/article/jjsca/29/7/29_7_789/_pdf
［28］ 未診断疾患イニシアチブ（IRUD），日本医療研究開発機構 HP. http://www.amed.go.jp/program/IRUD/
［29］ 大竹明ほか (2017).「次世代シークエンサーが拓く新しい小児科学」『日本小児科学会雑誌』121: 208.
［30］ Retterer, K., et al. (2016). Clinical application of whole-exome sequencing across clinical indications. ***Genetics in Medicine,*** 18: 696.
［31］「天才児の育て方」『Nature ダイジェスト』Vol.13, No.12, 2016.
［32］「エクソーム解析」『実験医学増刊』Vol.30, No.17. https://www.yodosha.co.jp/jikkenigaku/keyword/2348.html
［33］ Van Dijk, E. L., et al. (2014). Ten years of next-generation sequencing

引用文献

本文および図中の引用文献を示します。

［1］Think Science - Mendel's pea plants　ウェブ記事 http://www.thinksciencemaurer.com/mendels-pea-plants/

［2］Shomu's Biology - Mendelian genetics　ウェブ記事 https://www.shomusbiology.com/genetics.html

［3］Fairbanks, D. J., & Rytting, B. (2001). Mendelian controversies: A botanical and historical review. ***American Journal of Botany,*** 88: 737-752.

［4］Corin, S. J., et al. (1994). Structure and expression of the human slow twitch skeletal muscle troponin I gene. ***Journal of Biological Chemistry,*** 269: 10651-10659.

［5］Yahoo!Japan 映画 ガタカ：https://movies.yahoo.co.jp/movie/ガタカ/83911/

［6］ジェームス・D・ワトソン（著）／江上不二夫ほか（訳）(2012).『二重らせん』講談社ブルーバックス

［7］Phenylalanine Hydroxylase Locus Knowledgebase　ウェブ記事 http://www.pahdb.mcgill.ca/

［8］土屋廣幸 (2015).『性格はどのようにして決まるのか』新曜社

［9］K・アズベリー，R・プローミン（著）／土屋廣幸（訳）(2016)『遺伝子を生かす教育：行動遺伝学がもたらす教育の革新』新曜社

［10］「がん発症原因の大半はＤＮＡの複製エラー」『Nature ダイジェスト』Vol.14, No.6, 2017.

［11］Tomasetti, C., et al. (2017). Stem cell divisions, somatic mutations, cancer etiology, and cancer prevention. ***Science,*** 355: 1330-1334.

［12］村上善則 (2017).「遺伝性腫瘍の発がん機序」『日医雑誌』145: 700-704.

［13］Coleman, J. et al. (2017). Functional consequences of genetic loci associated with intelligence in a meta-analysis of 87,740 individuals. ***bioRxiv,*** 170712.

［14］Wilmut, I., et al. (1997). Viable offspring derived from fetal and adult mammalian cells. ***Nature,*** 385: 810-813.

［15］BBC. "Dolly the sheep's siblings 'healthy'". News　— Science and Environment. 26 July 2016. https://www.bbc.co.uk/news/science-environment-36893506

索　引

著者紹介

土屋廣幸（つちや　ひろゆき）

略歴：ラ・サール高校卒，熊本大学医学部卒，熊本大学大学院医学研究科修了，熊本大学医学部小児科助手，米国テキサス大学 M. D. アンダーソンがんセンター博士課程後研究員，NTT 九州病院小児科部長をへて現職。

現職：福田病院小児科健診部長（医師，医学博士）

専門：小児科学

現在，新生児の出生数が年間 3700 人以上と日本で一番多い病院で，新生児と乳児の健診を行うとともに，発達心理学の学際的研究および行動遺伝学に多大の関心を持っている。小児血液学，遠隔医療，小児発達学についての論文多数。

著書：単著『混迷の時代を生きる君へ』（大学教育出版，2011 年），『性格はどのようにして決まるのか』（新曜社，2015 年），訳書『遺伝子を生かす教育』（新曜社，2016 年），そのほか共著 3 冊（うち 2 冊は英文）

新曜社

文科系のための遺伝子入門

よくわかる遺伝リテラシー

初版第 1 刷発行　2018 年 9 月 20 日

著　者　土屋廣幸

発行者　塩浦　暲

発行所　株式会社　新曜社

101-0051　東京都千代田区神田神保町 3-9

電話（03）3264-4973（代）・FAX（03）3239-2958

e-mail：info@shin-yo-sha.co.jp

URL：http://www.shin-yo-sha.co.jp/

印　刷　星野精版印刷

製　本　積信堂

ISBN978-4-7885-1595-6 C1047

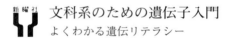